智能电子产品设计与制作

主　编　谢完成
副主编　谢　平

北京理工大学出版社
BEIJING INSTITUTE OF TECHNOLOGY PRESS

内 容 简 介

本教材以电子企业的真实项目和产品为载体，融入国家职业标准和电子设计的主流器件、新技术、新工具等新内容，并结合企业的操作技能、素养要求和工艺标准，完成了教材的结构与内容。按照职业成长规律与认知学习规律，本书内容由易到难、由简单到复杂。

本教材的项目形式多样，既有用到电子技术知识的逻辑电路设计项目，也有用到C语言编程的单片机设计项目，还有用到EDA技术的综合开发项目。每个项目都完全以工作过程为导向，内容包括了项目描述、资讯、设计、实施、评价等完整的教学环节，有利于开展基于工作过程和项目驱动的教学。

本教材可作为高等职业院校、高等专科院校、成人高校、民办高校以及本科院校举办的二级职业技术学院应用电子技术、电子信息工程技术及相关专业的教学用书，也适用于五年制高职、中职相关专业，并可作为社会相关从业人士的业务参考书及培训用书。

版权专有　侵权必究

图书在版编目（CIP）数据

智能电子产品设计与制作／谢完成主编．—北京：北京理工大学出版社，2016.8（2022.6重印）

ISBN 978−7−5682−1113−0

Ⅰ．①智… Ⅱ．①谢… Ⅲ．①电子产品−智能设计−高等学校−教材 Ⅳ．①TN02

中国版本图书馆 CIP 数据核字（2015）第 195233 号

出版发行／	北京理工大学出版社有限责任公司
社　　址／	北京市海淀区中关村南大街5号
邮　　编／	100081
电　　话／	（010）68914775（总编室）
	（010）82562903（教材售后服务热线）
	（010）68944723（其他图书服务热线）
网　　址／	http：//www.bitpress.com.cn
经　　销／	全国各地新华书店
印　　刷／	唐山富达印务有限公司
开　　本／	787毫米×1092毫米　1/16
印　　张／	9.5
字　　数／	220千字
版　　次／	2016年8月第1版　2022年6月第6次印刷
定　　价／	32.00元

责任编辑／	张慧峰
文案编辑／	张慧峰
责任校对／	周瑞红
责任印制／	李志强

图书出现印装质量问题，请拨打售后服务热线，本社负责调换

随着科技的不断进步，现代电子技术飞速发展，新器件不断涌现，电子产品日新月异，其技术含量不断提高，这就要求相关从业人员要具备全面的电子技术技能。通过对企业调研发现，电子信息类企业从业人员广泛分布在电路原理设计、印制电路板设计、产品调试等电子产品设计制造过程的各种岗位。这些工作岗位不仅对专业技术有相当高的要求，还对职业素养有更高的要求。同时，这些岗位的工作呈现系列化、层次化等特点，能够很好地帮助现代高职电子信息大类专业毕业生实现首岗适应、多岗迁移、持续发展的培养目标。

在内容选取上，本教材针对智能电子产品设计与制作从业岗位，以企业的电子产品设计和制作过程为主线，体现了职业岗位对知识、技能和素质的高要求；在内容排序上，本教材按照"电子产品设计制造流程"组织教材内容，结合了电子产品设计制作工作实际，体现了工作过程导向的特点；在内容组织上，本教材通过项目描述、项目分析、项目实施等环节，为项目实施提供知识、技能准备，体现了工学结合的理念。

本教材主要内容包括基于数码管的秒计数器设计、基于字符液晶的秒计数器设计、可控秒计数器设计、电子密码锁控制器设计、智能电子钟的设计与制作、智能循迹避障智能车的设计与制作、超声波测距仪的设计与制作、智能交通灯控制器的设计与制作，共计八个项目。

本教材按项目组织内容，每个项目又分为项目描述、项目分析、项目实施等环节。本书在编写过程中注重理论与实践相结合的原则，并充分考虑岗位适应性问题，强调学以致用、学而能用，努力实现教学与实践零距离。同时，本书充分关注岗位专业知识的相对系统性，注重学生的职业道德素养、科学素养及可持续发展能力，以求达到高等职业教育的水准。

本教材由娄底职业技术学院电子信息工程系谢完成担任主编，谢平担任副主编。本教材在编写过程中，得到了湖南省科瑞特科技有限公司的大力帮助以及娄底职业技术学院电子信息工程系应用电子技术教研室贺晓华、谢轩等老师的大力支持。在此，向他们的辛勤付出深表谢意。

由于电子产品更新迅猛，设计技术随之发展迅速，加之编者水平、经验有限，书中疏漏和错误之处在所难免，敬请读者批评指正。

编　者

目录 Contents

▶ **项目 1　基于数码管的秒计数器设计** ··· 1

　1.1　项目描述 ·· 1
　1.2　项目分析 ·· 1
　1.3　数码管显示接口知识 ·· 2
　　1.3.1　数码管结构和工作原理 ·· 2
　　1.3.2　数码管显示方式 ··· 5
　1.4　项目实施 ·· 8
　　1.4.1　器件选型 ·· 8
　　1.4.2　硬件电路设计 ··· 12
　　1.4.3　软件设计 ··· 13
　1.5　想一想，做一做 ·· 15

▶ **项目 2　基于字符液晶的秒计数器设计** ··· 16

　2.1　项目描述 ··· 16
　2.2　项目分析 ··· 16
　2.3　液晶显示接口知识 ··· 16
　　2.3.1　液晶显示的原理和分类 ··· 16
　　2.3.2　字符液晶显示模块及接口设计 ·· 17
　2.4　项目实施 ··· 21
　　2.4.1　硬件电路设计 ··· 21
　　2.4.2　软件设计 ··· 21
　2.5　想一想，做一做 ·· 28

▶ **项目 3　可控秒计数器设计** ·· 29

　3.1　项目描述 ··· 29
　3.2　项目分析 ··· 29
　3.3　键盘接口知识 ··· 29
　　3.3.1　键盘接口基础知识 ··· 29
　　3.3.2　独立式键盘接口设计 ·· 30
　3.4　项目实施 ··· 32
　　3.4.1　硬件电路设计 ··· 32

  3.4.2 软件设计 ··· 33
 3.5 想一想，做一做 ··· 34

▶ **项目 4 电子密码锁控制器设计** ·· 35

 4.1 项目描述 ·· 35
 4.2 项目分析 ·· 35
 4.3 矩阵键盘接口知识 ··· 36
  4.3.1 矩阵式键盘的工作原理 ··· 36
  4.3.2 矩阵式键盘的程序设计 ··· 37
 4.4 项目实施 ·· 39
  4.4.1 硬件电路设计 ·· 39
  4.4.2 软件设计 ··· 39
 4.5 想一想，做一做 ··· 44

▶ **项目 5 智能电子钟的设计与制作** ··· 45

 5.1 项目描述 ·· 45
 5.2 项目实施 ·· 45
  5.2.1 方案设计 ··· 45
  5.2.2 硬件电路设计 ·· 46
  5.2.3 软件设计 ··· 47
  5.2.4 设计文件编写 ·· 47
 5.3 项目实施评价表 ··· 49
 5.4 拓展知识 ·· 50
  5.4.1 点阵 LED 接口设计 ·· 50
  5.4.2 常用日历时钟芯片简介 ··· 59
 5.5 想一想，做一做 ··· 66

▶ **项目 6 循迹避障智能车的设计与制作** ······································· 67

 6.1 项目描述 ·· 67
 6.2 理论知识 ·· 68
  6.2.1 巡线原理介绍 ·· 68
  6.2.2 巡线传感器常见种类 ··· 70
  6.2.3 避障种类 ··· 71
  6.2.4 小车的行进 ··· 73
  6.2.5 红外传感器介绍 ··· 74
  6.2.6 元件介绍 ··· 77
 6.3 项目原理 ·· 78
  6.3.1 项目框图 ··· 78
  6.3.2 功能电路图 ··· 79

6.3.3　项目 PCB 图 ·················· 81
　　6.3.4　元件清单 ····················· 83
　　6.3.5　软件流程 ····················· 84
6.4　项目装配调试 ························ 84
　　6.4.1　单板调试 ····················· 84
　　6.4.2　整机装配 ····················· 87
　　6.4.3　整机调试 ····················· 87
　　6.4.4　常见故障 ····················· 88
6.5　想一想，做一做 ······················ 88

▶ 项目 7　超声波测距仪的设计与制作 ············ 90

7.1　项目描述 ···························· 90
7.2　理论知识 ···························· 91
　　7.2.1　实时距离测量的种类 ··········· 91
　　7.2.2　超声波测距原理 ··············· 94
　　7.2.3　元器件介绍 ··················· 95
7.3　项目原理 ···························· 97
　　7.3.1　项目框图 ····················· 97
　　7.3.2　功能电路图 ··················· 98
　　7.3.3　项目 PCB 图 ················· 102
　　7.3.4　元件清单 ···················· 104
7.4　项目调试 ··························· 105
　　7.4.1　单板调试 ···················· 105
　　7.4.2　整机装配 ···················· 107
　　7.4.3　整机调试 ···················· 108
　　7.4.4　整机检测 ···················· 108
7.5　基于超声波测距的自动跟车智能车设计 ··· 109
　　7.5.1　系统框图 ···················· 109
　　7.5.2　距离的检测 ·················· 109
　　7.5.3　速度的检测 ·················· 110
　　7.5.4　车辆的驱动 ·················· 110
　　7.5.5　软件流程 ···················· 110
　　7.5.6　程序代码 ···················· 110
7.6　想一想，做一做 ····················· 112

▶ 项目 8　智能交通灯控制器的设计与制作 ········· 113

8.1　项目描述 ··························· 113
8.2　项目资讯 ··························· 113
　　8.2.1　认识 VHDL 语言 ············· 114

8.2.2　VHDL 的程序基本结构 ··· 114
8.2.3　VHDL 语言基本要素 ··· 118
8.2.4　并行信号赋值语句 ··· 123
8.2.5　什么是状态机 ··· 126
8.2.6　为什么要使用状态机 ·· 127
8.2.7　如何设计状态机 ·· 127
8.2.8　状态机 VHDL 设计的一般方法 ··· 127
8.2.9　Moore 状态机 ··· 130
8.3　项目设计 ··· 132
8.3.1　功能分析 ·· 132
8.3.2　硬件设计 ·· 132
8.3.3　软件设计 ·· 133
8.4　项目实施 ··· 136
8.4.1　硬件平台准备 ··· 136
8.4.2　Quartus Ⅱ 设计过程 ··· 136
8.4.3　硬件电路调试及排故 ·· 138
8.5　项目总结 ··· 138
8.6　想一想，做一做 ·· 139

▶ 参考文献 ·· 140

基于数码管的秒计数器设计

1.1　项目描述

基于 51 系列单片机设计一个 LED 数码管显示的 60 秒倒计时器，倒计时到零时停止计时，并进行声光报警。

1.2　项目分析

根据任务要求，秒计数器应由单片机最小系统、显示器及报警电路三部分构成，其结构图如图 1-1 所示。

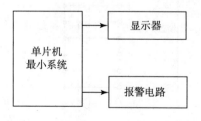

图 1-1　秒计数器的系统结构框图

要实现该任务，需要解决数码管的选型和接口问题以及秒信号的产生问题。秒信号可以通过单片机的定时器产生，而对于数码管的显示接口，需要了解数码管的基本结构和工作原理、单片机的接口方式和显示程序的设计方法。下面重点介绍数码管显示的相关知识。

1.3 数码管显示接口知识

1.3.1 数码管结构和工作原理

LED 数码管的种类很多，可分为一位数码管、二位连体数码管及多位连体数码管，还可根据字形分为 8 字形、米字形等。其颜色也多种多样，有红色、绿色、黄色等，如图 1-2 所示。

图 1-2 数码管外形图

无论 LED 数码管的外形如何，它的内部都是由多个发光二极管组成的。根据内部二极管连接方式，LED 数码管在结构上又分为共阴极型和共阳极型两种。共阴极型内部发光二极管阴极连在一起，接低电平；共阳极型内部发光二极管阳极连在一起，接高电平。单个数码管内部共有八只发光二极管，七只为字段，可组成字形，第八个为小数点。故有人称单个数码管为七段数码显示，也有人称之为八段显示。如图 1-3 所示，(a) 为数码管引脚及外型图，(b) 为共阴极型 LED 内部电路图，(c) 为共阳极型 LED 内部电路图。

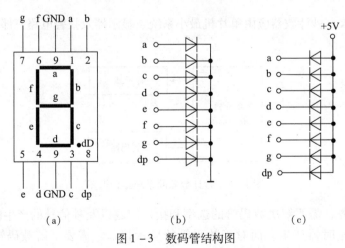

图 1-3 数码管结构图

由图 1-3 (a) 可见，a、b、c、d、e、f、g 分别为七个发光段引脚，dp 为小数点引脚。9 脚接电源或接地，共 10 个引脚。数码管工作时每段需串联一个限流电阻，而不能用一个电阻放在共阳极或共阴极端，否则，由于各发光段的参数不同，容易引起某段过流而烧坏数码管。另外，电阻值的选取只要保证管子正常发光即可。一般单个数码管电流控制在 10～20mA 较合适。电流太大会加大耗电量，而电流太小又无法得到足够的发光度。

  按发光原理，数码管可分成两种：共阴极型如图 1-3（b）所示，a、b、c、d、e、f、g 各引脚输入高电平有效，即只要哪个引脚输入为高电平，对应的二极管就会发亮；共阳极型如图 1-3（c）所示，a、b、c、d、e、f、g 各引脚输入低电平有效，即只要哪个引脚输入为低电平，对应的二极管就会发亮。通过点亮不同的发光段可组成不同的字形。输入到数码管 a、b、c、d、e、f、g、dp 的二进制码称为字段码（或称字形码），数码管显示的结果为字形。表 1-1 给出了各种显示字形与共阳极和共阴极两种接法下字段码的对应关系。

  表 1-1 中，各发光段 a、b、c、d、e、f、g 及 dp 与数据线的对应关系是 D0～D7，即 a 对应 D0，b 对应 D1，……，dp 对应 D7。各段与管脚的对应关系如图 1-4 所示，引脚 a、b、c、d、e、f、g、dp 按顺序分别接于单片机 P1 口的 P1.0～P1.7。由于 P1 口在输出时具有锁存功能，只要用指令向 P1 口送出字段码，数码管就可显示出所需字形。例如，采用共阴极数码管，若 P1 =0x3F，则数码管显示 "0"；采用共阳极数码管，若 P1 =0x88 则显示 "A"。

表 1-1 LED 数码管显示字形与字段码关系

显示字形	共阳极字段码	共阴极字段码
0	C0H	3FH
1	F9H	06H
2	A4H	5BH
3	B0H	4FH
4	99H	66H
5	92H	6DH
6	82H	7DH
7	F8H	07H
8	80H	7FH
9	90H	6FH
A	88H	77H
B	83H	7CH
C	C6H	39H
D	A1H	5EH
E	86H	79H
F	8EH	71H
"灭"	FFH	00H

  例 1：利用一位共阴极数码管，按图 1-4（b）接口电路图，设计实现一个十秒计时器，显示数值为 0～9，每个数值显示时间为一秒钟。

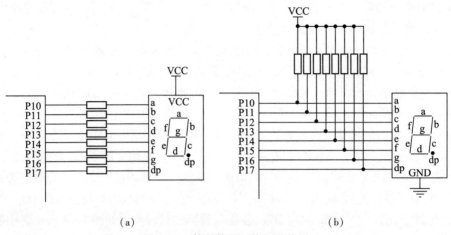

图 1-4 数码管显示接口电路图

(a) 共阳极数码管显示接口电路;(b) 共阴极数码管显示接口电路

解析:本程序可分为主程序和定时中断程序两个模块,主程序和定时中断程序流程图如图 1-5 所示。

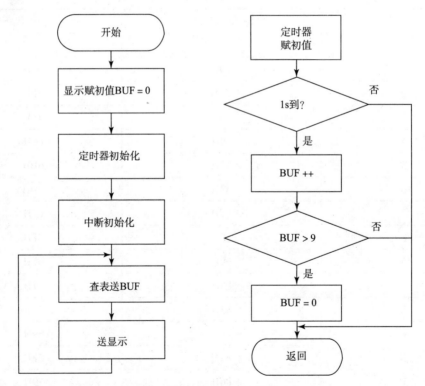

图 1-5 秒计数显示程序流程图

参考程序如下:

```
#define uchar unsigned char
uchar led_tab[10] = {0x3F,0x06,0x5B,0x4F,0x66,0x6D,0x7D,0x07,0x7F,0x6F};
```

```c
uchar  buf=0;
uchar  ms,sec;
void main(void)
{
    Timeinit();
    while(1)
    {
        P2=led_tab[buf];
    }
}
void timer0(void)interrupt 1 using 1
{
    TH0=0xb0;
    TL0=0x3c;
    ms++;
    if(ms>99)
    {
        ms=0;
        sec++;
        if(sec>9)sec=0;
        buf=sec;
    }
}
```

在主程序中，先对定时器 T0 和中断进行初始化，在主循环中根据 buf 单元中的值进行查表显示更新。在定时器 T0 的中断服务程序中，1s 到后，进行秒加 1 计数，当计数值大于 9 时，清 0。最后将计数值保存到 buf 中。这样数码管的显示值就可以随 buf 中值的变化进行显示。

1.3.2 数码管显示方式

多位数码管的显示接口有两种方式：静态显示方式和动态显示方式。

（1）静态显示方式。

静态显示的特点是每个数码管必须接一个 8 位锁存器来锁存待显示的字形码。送入一次字形码后，显示字形将一直保持到新字形码送入。静态显示接口电路有许多种，图 1-6 就是一个四位数码管的静态显示接口电路，其中每一个数码管接一个 8 位锁存器 74LS373，四个锁存器的锁存端依次接 P2.0~P2.3。当 P2.0~P2.3 中某一根线为低电平时，对应的 LED 可修改显示内容。静态显示的优点是占用 CPU 时间少及便于监测和控制显示；缺点是硬件电路比较复杂、成本较高。所以在进行多位数码管显示时，往往不采用静态显示接口方式。

利用图 1-6 电路实现从左至右显示 2、0、0、8 共四个字形，这些字形以十六进制形式存放在内部 RAM 缓冲区中。源程序如下：

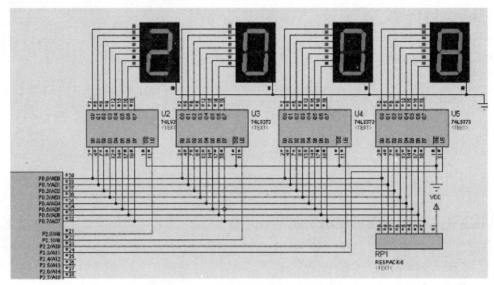

图 1-6　LED 数码管静态显示接口电路

```
#include <at89x51.h>
#define uchar unsigned char
#define uint unsigned int
uchar shuzu_gongyin[4] = {0x5B,0x3F,0x3F,0x7F};
void main()
{
 uchar a,b;
 P2 = 0x00;
 a = 0x01;
 for(b = 0;b < 4;b + +)
 {
  P2 = a;
  P0 = shuzu_gongyin[b];
  a = a < <1;
 }
 while(1);
}
```

（2）动态显示方式。

动态显示的特点是将所有数码管的段选线并联在一起，通过控制位选信号来控制数码管的点亮。这样一来，就没有必要给每一位数码管配一个锁存器，从而大大简化了硬件电路。数码管采用动态扫描显示，即轮流向各位数码管送出字形码和相应的位选，利用发光管的余辉和人眼的视觉暂留作用，使人感觉好像各位数码管在同时显示，因此亮度比静态显示要差一些，所以在选择限流电阻时应略小于静态显示电路中的限流电阻。图 1-7 是一个两位数码管的动态显示接口电路图。从图中可以看出，两个数码管的段选线并接在一起，接到单片机的 P2 口，而两个数码管的位选线通过三极管接到单片机的 P3.0 和 P3.1 引脚，由 P3.0、P3.1 两个引脚的输出控制两个数码管的选通。当 P3.0 输出低电平时，Q1 导通，选中左边的数码管；当 P3.1 输出低电平时，Q2 导通，选中右边的数码管。

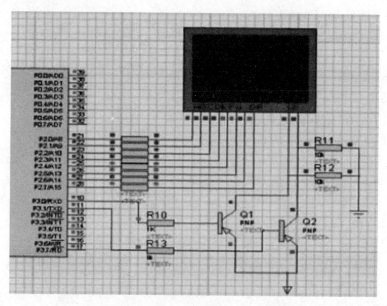

图 1-7 两位 LED 数码管动态显示电路

从图 1-7 我们可以看出，由于所有数码管的段码线共用单片机的 I/O 口，硬件电路得到简化，特别是在数码管数量较多时优点特别明显。

下面以显示 1、2 两个字形为例分析一下动态显示的工作过程：

第 1 步：从 P2 口送出左侧数码管所要显示的段码值。

第 2 步：P3.0 输出低电平，Q1 导通，选中左侧数码管，显示段码值所对应的字形。

第 3 步：延时 3-5ms。

第 4 步：P3.0 输出高电平，关断 Q1。

第 5 步：从 P2 口送出右侧数码管所要显示的段码值。

第 6 步：P3.1 输出低电平，Q2 导通，选中右侧数码管，显示段码值所对应的字形。

第 7 步：延时 3-5ms。

第 8 步：P3.1 输出高电平，关断 Q2。

上面所讲的 1~8 步不断循环，就可以实现数码管动态显示。计算机运行指令的速度是非常快的，第一次显示和第二次显示之间的间隔只有几个毫秒，又由于发光管的余辉和人眼的视觉暂留作用，使人感觉好像各位数码管在同时显示。

根据以上步骤，可以画出显示程序的流程图，如图 1-8 所示。

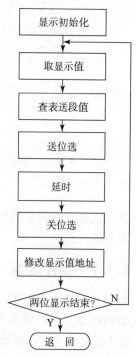

图 1-8 两位数码管动态显示程序流程图

根据两位数码管动态显示程序流程图，实现数码管显示1、2字形的程序如下：

```c
#include <at89x51.h>
#define uchar unsigned char
#define uint unsigned int
void delay(int k)
{
    uchar i;
    uchar j;
    for(i=0;i<124;i++)
    for(j=0;j<k;j++);
}
void main()
{
    uint a,b=0;
    while(1)
    {
      b=0x01;
      for(a=0;a<2;a++)
      {
         P2=~(b-1);
         P3=a;
         delay(2);
         b=b<<1;
      }
    }
}
```

1.4　项目实施

要完成基于数码管的秒计数器设计，需按器件选型、硬件电路设计、软件设计和系统调试几个步骤进行。

1.4.1　器件选型

根据任务要求及图1-1秒计数器的系统结构框图，器件的选型主要是单片机的选型和数码管的选型。由于任务没有对数码管提出具体要求，所以可选用两位一体的数码管，如0.5英寸高亮红色共阳极数码管。对单片机的选型，下面作简单的介绍。

1. 单片机品种

单片机品种非常多，较为常用的有以下几种：

(1) 8051 单片机。

8051 单片机最早由 Intel 公司推出，其后，多家公司购买了 8051 的内核，使得以 8051 为内核的 MCU 系列单片机在世界上产量最大，应用也最广泛。比较常用的有 ATMEL 公司的 51 系列单片机，宏晶科技的 STC 系列单片机，PHILIPS 公司的 80C51 系列单片机，华邦公司的 W77、W78 系列 8 位单片机等。

(2) ATMEL 公司的 AVR 单片机。

AVR 是增强型 RISC 内载 Flash 的单片机，芯片上的 Flash 存储器附在用户的产品中，可随时再编程，使用户的产品设计容易，更新换代方便。AVR 单片机采用增强的 RISC 结构，使其具有高速处理能力，在一个时钟周期内可执行复杂的指令，每 MHz 可实现 1MIPS 的处理能力。AVR 单片机工作电压为 2.7~6.0V，可以实现耗电最优化。AVR 的单片机广泛应用于计算机外部设备、工业实时控制、仪器仪表、通信设备、家用电器、宇航设备等各个领域。

(3) Motorola 单片机。

Motorola 是世界上最大的单片机厂商，开发了从 M6800 开始的广泛的品种，包括了 4 位、8 位、16 位甚至 32 位的单片机，其中典型的代表有：8 位机 M6805、M68HC05 系列，8 位增强型 M68HC11、M68HC12，16 位机 M68HC16，32 位机 M683XX。Motorola 单片机的特点之一是在同样的速度下所用的时钟频率较 Intel 类单片机低得多，因而使得高频噪声低，抗干扰能力强，更适合于工控领域或恶劣的环境。

(4) Microchip 单片机。

Microchip 单片机的主要产品是 PIC16C 系列和 17C 系列 8 位单片机，CPU 采用 RISC 结构，分别仅有 33，35，58 条指令，采用 Harward 双总线结构，运行速度快，工作电压低，功耗低，价格低，输入输出直接驱动能力较大，一次性编程，体积小。适用于用量大，档次低，价格敏感的产品，在办公自动化设备、电子产品、电讯通信、智能仪器仪表、汽车电子、金融电子、工业控制等不同领域都有广泛的应用。PIC 系列单片机在世界单片机市场份额排名中逐年提高，发展非常迅速。

(5) EM78 系列 OTP 型单片机。

台湾义隆电子股份有限公司的 EM78 系列 OTP 型单片机，可以直接替代 PIC16CXX，管脚兼容，软件可转换。

面对众多的单片机，进行机型选择时，通常从单片机的性能要求和单片机的可开发性进行考虑。

2. 单片机的性能要求

选择单片机，首先也是最重要的一点就是考虑功能需求，即设计的对象是什么，要完成什么样的任务，再根据设计任务的复杂程度来决定选择什么样的单片机。在选型时可从下面不同角度进行考虑。

(1) 存储器。

单片机的存储器可分为程序存储器（ROM）和数据存储器（RAM）。

程序存储器是专门用来存放程序和常数的，有掩模 ROM、OTPROM、EPROM、FlashROM 等类型。掩模这种形式的程序存储器适用于成熟、大批量生产的产品，如彩色电视机等家电产品中的单片机。用户把应用程序代码交给半导体制造厂家，单片机在生产时，程序就被固化到芯片中，因此芯片一旦生产出来，程序就无法改变了。采用 EPROM 的单片机具有可以灵活修改程序的优点，但存在需要紫外线擦除、较费时间的缺点。在自己做试验或样机的研发阶段，推荐使用 Flash 单片机，它有电写入、电擦除的优点，使得修改程序很方便，可以提高开发速度。对于初具规模的产品可选用 OTP 单片机，它不但能免去较长的产品掩膜时间，加快产品的上市时间，而且方便程序的修改，能够对产品进行及时的调整和升级。

程序存储器的容量可根据程序的大小确定。8 位单片机片内程序存储器的最大容量能达到 64KB，不够时还可以扩展。选用时程序存储器的容量只要够用就行了，不然会增加成本。

数据存储器是程序在运行中存放临时数据的，掉电后数据即丢失，现在有些型号的单片机提供了 EEPROM，可用来存储掉电后需要保存的关键数据，如系统的一些设置参数。

（2）运行速度。

单片机的运行速度首先看时钟频率，一般情况下，对于同一种结构的单片机，时钟频率越高速度越快。其次看单片机 CPU 的结构，采用 CISC 结构（集中指令集）比采用 RISC 结构（精简指令集）的速度要慢。即使是同一种结构、同一时钟频率的单片机，有时候速度也不一样，比如 Wlinbond（华邦）公司的 W77 系列的 51 单片机 1 个机器周期只要 4 个时钟周期，而一般的 51 单片机 1 个机器周期是 12 个时钟周期，前者的速度就是后者的 3 倍。

在选用单片机时要根据需要选择速度，不要片面追求高速度，因为单片机的稳定性、抗干扰性等参数基本上是跟速度成反比的，另外速度快的功耗也大。

（3）输入/出口。

I/O 口的数量和功能是选用单片机时首先要考虑的问题之一，要根据实际需要确定 I/O 口的数量，I/O 口多余不仅芯片的体积增大，也增加了成本。

选用时还要考虑 I/O 口的驱动能力，驱动电流大的单片机可以简化外围电路。51 等系列的单片机下拉（输出低电平）时驱动电流大，但上拉（输出高电平）时驱动电流很小。而 PIC 和 AVR 系列的单片机每个 I/O 口都可以设置方向，输出口以推挽驱动的方式输出高、低电平，驱动能力强，使得 I/O 口资源灵活、功能强大、可充分利用。当然我们也可以根据 I/O 口的功能来设计外围电路，例如用 51 单片机驱动数码管，我们选用共阳极数码管就是利用输出口下拉驱动电流大的特点。

（4）定时/计数器。

大部分单片机提供 2~3 个定时/计数器，少数提供 1 个或 4 个定时器。有些定时/计数器还具有输入捕获、输出比较和 PWM（脉冲宽度调制）功能，如 AVR 单片机。有的单片机还有专门的 PCA（可编程计数器阵列）模块和 CCP（输入捕获输出比较 PWM）模块，如 PIC 和 Philips 的部分中高档单片机。利用这些模块不仅可以简化软件设计，而且能减少占用 CPU 的资源。

现在不少单片机还提供了看门狗定时器（WDT），当单片机"死机"后可以自动复位。

选用时可根据自己的需要和编程要求进行选择，不要片面追求功能多，用不上的功能就等于金钱的浪费。

（5）串行接口。

单片机常见的串行接口有：标准 UART 接口、增强型 UART 接口、I^2C 总线接口、CAN 总线接口、SPI 接口、USB 接口等。大部分单片机都提供了 UART 接口，也有部分单片机没有串行接口。在没有特别说明的情况下我们常说的串行接口，简称串口，指的就是 UART。

如果系统只用一个单片机芯片时，UART 接口或 USB 接口通常用来和计算机通信，不需要和计算机通信时可以不用。

SPI 接口可用来进行 ISP 编程，当你没有编程器时，尽量选用带这种接口的单片机，当然 SPI 接口也能用来和其他外设进行高速串行通信。

I^2C 总线是一种两线、双向、可多主机操作的同步总线，I^2C 总线是一种工业标准，被广泛应用在各种电子产品中，如现在的彩色电视机就采用 I^2C 总线进行参数的设置。具有 I^2C 总线接口的单片机在使用 AT24C01 等串行 EEPROM 时可以简化程序设计。

通常情况下使用最多的是 UART 接口，其他接口可根据需要选择。

（6）模拟电路功能。

现在不少单片机内部提供了 A/D 转换器、PWM 输出和电压比较器，也有少量的单片机提供了 D/A 转换器。单片机内集成了 A/D 转换器的同时，还集成了采样/保持电路，使用户容易建立精密的数据采集系统。

PWM 输出模块可用来产生不同功率和占空比的脉冲信号。利用 PWM 输出模块配合 RC 滤波电路即可方便实现 D/A 输出功能。PWM 输出模块也可以用来实现直流电机的调速等功能。

单片机内部集成的电压比较器可以实现多种功能，例如阀值检测、实现低成本的 A/D 转换器等。

（7）工作电压、功耗。

单片机的工作电压最低 1.8V，最高为 6V，常用的单片机工作电压为 4.5~5.5V，低电压系列为 2.7~5.0V 或 2.4~3.6V。选用时根据供电方式确定。

单片机的功耗参数主要是指正常模式、空闲模式、掉电模式下的工作电流，用电池供电的系统要选用电流小的产品，同时要考虑是否要用到单片机的掉电模式，如果要用的话必须选择有相应功能的单片机。

（8）封装形式。

单片机常见的封装形式有：DIP（双列直插式封装）、PLCC（特殊引脚芯片封装，要求对应插座）、QFP（四侧引脚扁平封装）、SOP（双列小外形贴片封装）等。做实验时一般选用 DIP 封装的，如果选用其他封装，用编程器编程时还要配专用的适配器。如果对系统的体积有要求，如遥控器中用的单片机，往往选用 QFP 和 SOP 封装的。

各种常见的单片机封装形式见图 1-9。

图 1-9 单片机常用封装形式

（9）抗干扰和保密性能。

选用单片机要选择抗干扰性能好的，特别是用在干扰比较大的工业环境中的。单片机加密后的保密性能也要良好,保证知识产权不易被侵犯。

(10) 其他方面。

在单片机的性能上还有很多要考虑的因素,比如中断源的数量和优先级、工作温度范围、有无低电压检测功能、单片机内部有无时钟振荡器、有无上电复位功能等等。

3. 单片机的可开发性

这也是一个十分重要的因素。所选择的单片机是否有足够的开发手段,直接影响到单片机能否顺利开发,以及开发的速度。对于被选择的单片机,应考虑下列问题。

(1) 开发工具、编程器。

要考虑有没有集成的开发环境,在支持汇编语言的同时是否支持 C 语言。C 语言可加快开发进度,且移植性好。

要考虑所选用的单片机有没有编程器支持,或能否采用 ISP 编程。

(2) 开发成本。

要考虑所选择单片机对应的编程器、仿真器价格是否高,是否要用专用设备。有时单片机需要选用专用的编程器,这样开发成本就高了。

(3) 开发人员的适应性。

这也是一个很实际的问题,如果有两种单片机都能解决问题,优先选一种熟悉的品种。在大多数情况下大家优先考虑选择 51 系列的单片机。

(4) 技术支持和服务。

主要考虑技术是否成熟、有无技术服务(网站提供的资料是否丰富,包括芯片手册、应用指南、设计方案、范例程序等)、单片机是否可直接购买到、产品价格是否合适。

根据以上分析,针对秒计数器的设计,单片机可以选用 51 系列的 STC89C51 单片机。

1.4.2 硬件电路设计

根据任务设计要求,可以将电路设计成如图 1-10 所示。

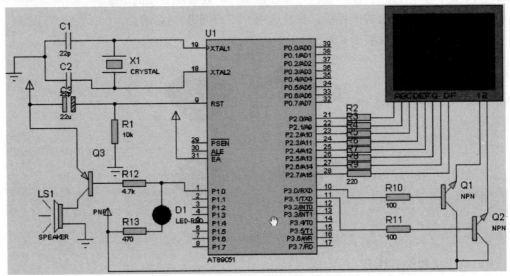

图 1-10 60s 倒计时数码管显示电路图

1.4.3 软件设计

为了便于修改显示内容,我们将前面动态显示的参考程序做了简单修改,即显示功能用了一个可传递参数的子函数来实现。程序设计可参考图 1-11 所示的流程。

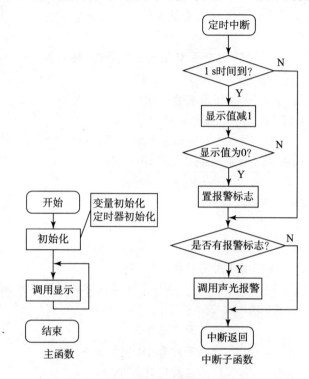

图 1-11 60 秒倒计时器程序流程图

参考程序:
```
#include <AT89X51.h>
#define uchar unsigned char
#define uint unsigned int
uchar code Tab[11] = {0xc0,0xf9,0xa4,0xb0,0x99,0x92,0x82,0xf8,0x80,0x90,0xff};
//0~9 共阳数码管段选码表,0xff 表示灭
uchar number;      //记录中断次数
int second;        //记录存秒
bit flag = 0;
/********** 1ms 基准延时子函数 **********/
void delay1ms(uint i)
{
    uchar j;
    while(i--)
        for(j=0;j<123;j++);
```

```c
}
/********** 显示子函数 ********** /
void display(uchar k)
{
    P3 = 0;                 //关闭所有数码管
    P2 = Tab[k/10];         //取整,显示十位
    P3^0 = 1;               //P3.0 引脚输出低电平,十位位显示
    delay1ms(5);            //延时 5 ms
    P3 = 0;                 //关闭所有数码管
    P2 = Tab[k%10];         //取余,显示个位
    P3^1 = 1;               //P3.1 引脚输出低电平,个位显示
    delay1ms(5);            //延时 5ms
}
/********** 主函数 ********** /
void main(void)
{
    TMOD = 0x01;            //使用定时器 T0
    TH0 = (65536 - 50000)/256;   //将定时器计时时间设定为 50 毫秒
    TL0 = (65536 - 50000)%256;
    EA = 1;                 //开启总中断
    ET0 = 1;                //定时器 T0 中断允许
    TR0 = 1;                //启动定时器 T0
    number = 0;             //中断次数初始化
    second = 9;             //秒初始化
    while(1)
    {
        display(second);    //调用秒的显示子程序
    }
}
/********** 定时器 T0 的中断子函数 ********** /
void intimer0(void) interrupt 1 using 1    //选择工作方式 1,16 位计数器
{
    TH0 = (65536 - 50000)/256;           //50ms,重新给计数器 T0 赋初值
    TL0 = (65536 - 50000)%256;
    number++;                            //每来一次中断,中断次数 number 自加 1
    if(number = =20)                     //够 20 次中断,即 1 秒钟进行一次检测结果采样
    {
        number = 0;                      //中断次数清 0
        second--;                        //秒减 1
```

```
    if(second = = -1)              //60 秒倒计时结束
    {
        second = 0;
        flag = 1;                  //置报警标志
    }
}
if(flag)   P1 = ~P1_0;
}
```

1.5　想一想，做一做

1. 简述智能电子产品的设计步骤和设计方法。
2. 数码管显示电路通常有哪两种显示方式？
3. 试比较数码管两种不同的显示方式，实际设计时应如何选用？
4. 用 AT89C51 设计一个简易秒表，计时范围 60s：

要求：（1）秒的个位与十位用两位数码管显示；

（2）每计 1 个脉冲，显示内容加 1；

（3）具有清零、暂停、重启功能。

基于字符液晶的秒计数器设计

2.1 项目描述

利用 51 系列单片机设计一个液晶显示的 60 秒倒计时器，倒计时到零时停止计时，进行声光报警。

2.2 项目分析

要实现任务要求，首先要考虑利用液晶显示时间，因此需在单片机最小系统基础上外接液晶显示接口电路。其次是时间的计时，这个可以通过单片机内部的定时器来完成。再其次是计时为"0"时的声光报警，这可以利用发光二极管闪烁和蜂鸣器鸣响来实现。

2.3 液晶显示接口知识

2.3.1 液晶显示的原理和分类

液晶（Liquid Crystal）是一种介于液体和固体之间的热力学的中间稳定相，其特点是在一定的温度范围内既有液体的流动性和连续性，又有晶体的各向异性。LCD 液晶显示器是一种功耗极低的显示器件，在便携式仪器仪表中应用越来越广泛。

液晶显示模块是一种将液晶显示器件、连接件、集成电路、PCB 线路板、背光源、结构件装配在一起的组件，英文名称"LCD Module"，简称"LCM"，中文一般称为"液晶显示模块"。

当前市场上出售的LCD液晶显示器分字符型和点阵型两大类。字符型可用来显示字符和数字，点阵型则可用来显示汉字以及图形。

液晶显示器具有低压微功耗、平板型结构、被动显示、显示信息量大、易于彩色化、没有电磁辐射、寿命长等优点，它适合人的视觉习惯且不会使人眼睛疲劳，对环境无污染。

液晶显示的驱动方式与LED有很大的不同。LED在其两端加上恒定的导通或截止电压即可控制其明暗，而LCD如果用直流电压驱动会使液晶体产生电解和电极老化，从而大大降低LCD的使用寿命。LCD的驱动方式通常是在LCD的公共极（一般为背极）加上恒定的交变方波信号，通过控制前极的电压变化，使得LCD两极间产生交变方波电压或零电压，从而实现LCD的亮、灭控制。现用的驱动方式多属交流电压驱动，有静态驱动法、动态驱动法和双频驱动法等方法。

2.3.2 字符液晶显示模块及接口设计

字符型液晶显示模块是专门用于显示字母、数字、符号等的点阵式LCD，目前常用的有16×1、16×2、20×2和40×2行等。下面以1602字符型液晶显示器为例，介绍其用法，其外形结构如图2-1所示。

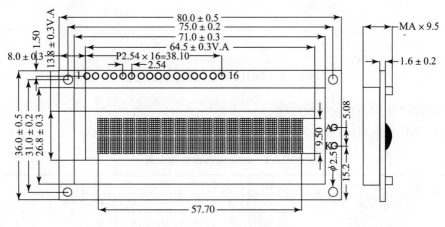

图2-1 1602LCD外形图

（1）1602LCD的引脚功能。

1602LCD采用标准14脚（无背光）或16脚（带背光）接口，各引脚功能如表2-1所示。

表2-1 1602LCD引脚功能说明

编号	符号	引脚说明	编号	符号	引脚说明
1	VSS	电源地	9	D2	数据
2	VDD	电源正极	10	D3	数据
3	VO	液晶显示偏压	11	D4	数据
4	RS	数据/命令选择	12	D5	数据
5	R/W	读/写控制信号	13	D6	数据
6	E	使能信号	14	D7	数据
7	D0	数据	15	BLA	背光源正极
8	D1	数据	16	BLK	背光源负极

VO 为液晶显示器对比度调整端,按正电源时对比度最弱,接地时对比度最高。若对比度过高会产生"鬼影",使用时可以通过一只 10kΩ 电阻来调整对比度。

RS 为数据/命令选择端,RS 为高电平时选择数据寄存器,为低电平时选择指令寄存器。

R/W 为读写信号线,为高电平时进行读操作,为低电平时为写操作。当 RS 和 R/W 同为低电平时可以写入指令或者显示地址;当 RS 为低电平、R/W 为高电平时可以读忙信号;当 RS 为高电平、R/W 为低电平时可以写入数据。

E 为使能端,当 E 端由高电平跳变成低电平时,液晶模块执行命令。

D0~D7 为 8 位双向数据线。

1602 与单片机的连接有两种方式,总线方式如图 2-2 (a) 所示,模拟口线方式如图 2-2 (b) 所示。

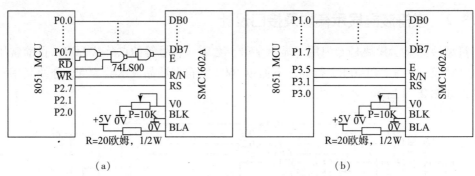

图 2-2 1602LCD 与单片机连接方式

(2) 1602LCD 的指令说明及时序。

1602 液晶模块内部的控制器共有 11 条控制指令,如表 2-2 所示。

表 2-2 1602 液晶模块指令表

序号	指令	RS	R/W	D7	D6	D5	D4	D3	D2	D1	D0
1	清显示	0	0	0	0	0	0	0	0	0	1
2	光标返回	0	0	0	0	0	0	0	0	1	★
3	设置输入模式	0	0	0	0	0	0	0	1	I/D	S
4	显示开/关控制	0	0	0	0	0	0	1	D	C	B
5	光标或字符移位	0	0	0	0	0	1	S/C	R/L	★	★
6	设置功能	0	0	0	0	1	DL	N	F	★	★
7	设置字符发生存储器地址	0	0	1	字符发生存储器地址						
8	设置数据存储器地址	0	0	1	显示数据存储器地址						
9	读忙标志或地址	0	1	BF	计数器地址						
10	写数到 CGRAM 或 DDRAM	1	0	要写的数据内容							
11	从 CGRAM 或 DDRAM 读数	1	1	读出的数据内容							

1602 液晶模块的读写操作、屏幕和光标的操作都是通过指令编程来实现的。

指令 1:清显示,指令码 01H,光标复位到地址 00H。

指令 2:光标复位,光标返回到地址 00H。

指令 3:光标和显示模式设置。

I/D：光标移动方向，高电平右移，低电平左移；

S：屏幕上所有文字是否左移或者右移，高电平表示有效，低电平则无效。

指令4：显示开关控制。

D：控制整体显示的开与关，高电平表示开显示，低电平表示关显示；

C：控制光标的开与关，高电平表示有光标，低电平表示无光标；

B：控制光标是否闪烁，高电平闪烁，低电平不闪烁。

指令5：光标或显示移位。

S/C：高电平时移动显示的文字，低电平时移动光标。

指令6：功能设置命令。

DL：高电平时为4位总线，低电平时为8位总线；

N：低电平时为单行显示，高电平时为双行显示；

F：低电平时显示5×7的点阵字符，高电平时显示5×10的点阵字符。

指令7：字符发生器RAM地址设置。

指令8：DDRAM地址设置。

指令9：读忙信号和光标地址。

BF：忙标志位，高电平表示忙，此时模块不能接受命令或者数据；低电平表示不忙。

指令10：写数据。

指令11：读数据。

与I-ID44780兼容的芯片时序如表2-3所示。

表2-3 基本操作时序表

读状态	输入	RS=L、R/W=H、E=H	输出	D0~D7=状态字
写指令	输入	RS=L、R/W=L、D0~D7=指令码、E=高脉冲	输出	无
读数据	输入	RS=H、R/W=H、E=H	输出	D0~D7=数据
写数据	输入	RS=H、R/W=L、D0~D7=数据、E=高脉冲	输出	无

(3) 1602LCD的RAM地址映射及标准字符表。

液晶显示模块是慢显示器件，所以在执行每条指令之前一定要确认模块的忙标志为低电平（即不忙），否则该指令失效。显示字符时，要先输入显示字符地址，即告诉模块在哪里显示字符，图2-3是1602的内部显示地址。

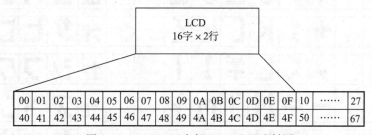

图2-3 1602LCD内部RAM地址映射图

例如，第二行第一个字符的地址是40H，那么是否直接写入40H就可以将光标定位在第二行第一个字符的位置呢？这是不行的。因为写入显示地址时要求最高位D7恒定为高电平1（见表2-2中的指令8），所以实际写入的数据应该是01000000B（40H）+10000000B

(80H)，即 11000000B（C0H）。

在对液晶模块进行初始化时，要先设置其显示模式，在液晶模块显示字符时光标是自动右移的，无须人工干预。每次输入指令前，都要判断液晶模块是否处于忙状态。

1602液晶模块内部的字符发生存储器（CGROM）中已经存储了160个点阵字符图形，如表2－4所示，每一个字符都有一个固定的代码。比如，大写英文字符A的代码是01000001B（41H），显示时，模块把地址41H中的点阵字符图形显示出来，我们就能看到字母A。

表2－4 LCD1602 内部字符表
CGROM中字符码与字符字模关系对照表

(4) 1602LCD 显示程序流程

1602LCD 显示流程分为初始化、清屏、显示定位、显示等过程,如图2-4所示。其中初始化分为显示模式设置、关显示、清屏、显示光标移动、开显示及设置光标的过程,如图2-5所示。

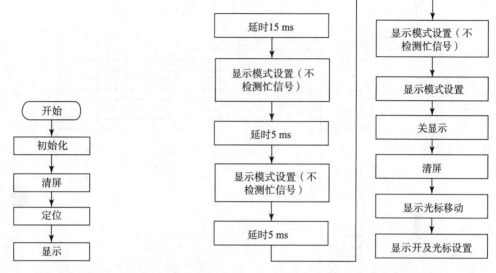

图2-4　1602LCD 显示流程　　　　图2-5　1602LCD 初始化过程

2.4　项目实施

根据任务要求,显示器选用 LCD1602 字符型液晶显示器,而 LCD1602 与单片机之间的接口需 11 根 I/O 口线,所以单片机还是选用 STC89C51 单片机。任务的完成主要是进行硬件电路设计和软件设计。

2.4.1　硬件电路设计

根据任务要求,完整的电路图设计如图2-6所示。

图2-6中 LCD1602 的数据口线 D0~D7 直接与单片机的 P0 口相连,而控制线 RS、R/W、E 分别与单片机的 P1.0、P1.1、P1.2 相连。

2.4.2　软件设计

系统上电后自动开始倒计时,液晶从 59 开始显示,以后每经过 1s 依次减 1,直到减到 0 为止。当 60s 倒计时完成时,发光二极管闪烁并伴随蜂鸣器发出报警声,程序可参考如图2-7所示流程图编写,最终电路图如图2-8所示。

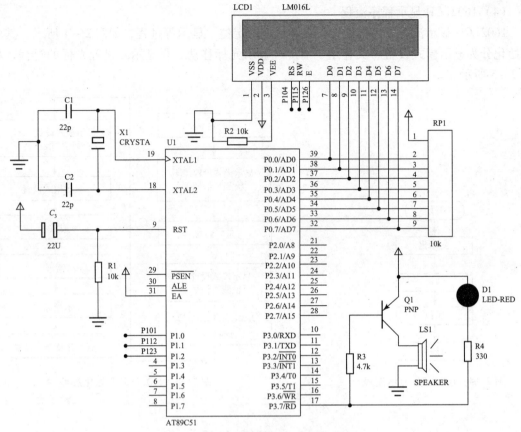

图 2-6 60s 倒计时液晶显示电路图

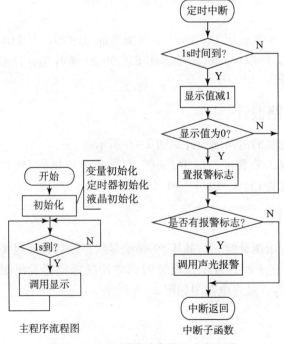

图 2-7 60s 倒计时液晶显示流程图

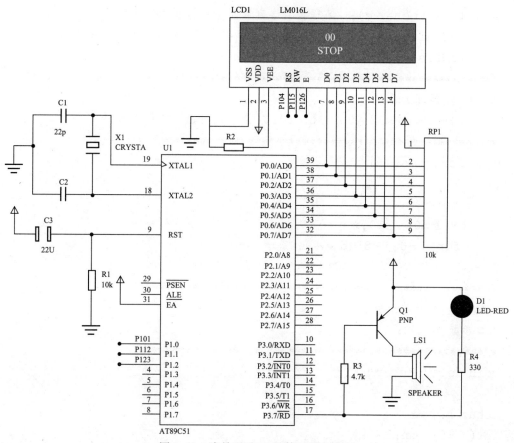

图 2-8 液晶显示 60 秒计时器电路图

参考程序：

```c
#include <AT89X51.h>      //包含单片机寄存器的头文件
#include <stdlib.h>       //包含随机函数 rand()的定义文件
#include <intrins.h>      //包含_nop_()函数定义的头文件
#define uchar unsigned char
#define uint  unsinged int
sbit RSPIN = P1^0;    //寄存器选择位,将 RS 位定义为 P1.0 引脚
sbit RWPIN = P1^1;    //读写选择位,将 RW 位定义为 P1.1 引脚
sbit EPIN = P1^2;     //使能信号位,将 E 位定义为 P1.2 引脚
sbit BF = P0^7;       //忙碌标志位,将 BF 位定义为 P0.7 引脚
uchar code digital[] = {"0123456789"};   //定义字符数组显示数字
uchar code string[] = {"STOP"};    //定义字符数组显示提示信息
uchar count,temp;     //定义变量统计中断累计次数
int sccond;     //定义变量储存秒
bit flag = 0;
bit flag_time = 0;
void lcdwd(uchar d);   //送数据到液晶显示控制器子函数
```

```c
void lcdwc(uchar c);            //送控制字到液晶显示控制器子函数
void lcdwaitidle(void);         //HD44780液晶显示控制器忙检测子函数
void lcdreset(void);            //LCD初始化子函数
/******************************************
函数功能:延时1ms
(3j+2)*i=(3×33+2)×10=1010(微秒),可以认为是1毫秒
****************************************** /
void delay1ms()
{
    uchar i,j;
    for(i=0;i<10;i++)
        for(j=0;j<33;j++);
}
/******************************************
函数功能:延时若干毫秒
入口参数:n
****************************************** /
void delay(uchar n)
{
uchar i;
for(i=0;i<n;i++)
    delay1ms();
}
/******************************************
函数功能:延时4微秒
****************************************** /
void delay4us()
{
    _nop_();
    _nop_();
    _nop_();
    _nop_();
}
void lcdwd(uchar d)     //送数据到液晶子函数
{
    Lcdwaitidle();      //忙检测
    RSPN=1;             //RS=1 RW=0 E=高电平
    RWPIN=0;
    EPIN=0;
```

```
        P0 = d;
     _nop_();
     EPIN = 1;
     delay4us();
     EPIN = 0;
  }
  void lcdwc(uchar c)        //送进控制字到液晶子函数
  {
     Lcdwaitidle()       //HD44780 液晶显示控制器忙检测
     RSPIN = 0;          //RS = 0
     RWPIN = 0;          //RW = 0
     P0 = c;
     EPIN = 1;           //E = 高电平
     delay4us();
     EPIN = 0;
  }
  void lcdwaitidie(void)    //HD44780 液晶显示控制器忙检测子函数
  {
     uchar i;
     P0 = 0xff;
     RSPIN = 0;     //RS = 0 RW = 1 E = 高电平
     RWPIN = 1;
    EPIN = 1;
     for(i = 0;i < 20;i + +)
       if((P0&0x80) = =0)break;
     //D7 = 0 表示 LCD 控制器空闲,则退出检测
     EPIN = 0;
  }
  void setpos(uchar pos)
  {
  lcdwc(pos + 0x80);
  }
  /****************************************
  函数功能:对 LCD 的显示模式进行初始化设置
  **************************************** /
  void lcdreset(void)
  {
     delay(15);       //延时 15ms,首次写指令时应给 LCD 一段较长的反应时间
     lcdwc(0x38);     //显示模式设置:16 ×2 显示,5 ×7 点阵,8 位数据接口
```

```c
    delay(5);        //延时5ms,给硬件一点反应时间
    lcdwc(0x38);
    delay(5);
    lcdwc(0x38);     //连续三次,确保初始化成功
    delay(5);
    lcdwc(0x0c);     //显示模式设置:显示开,无光标,光标不闪烁
    delay(5);
    lcdwc(0x06);     //显示模式设置:光标右移,字符不移
    delay(5);
    lcdwc(0x01);     //清屏幕指令,将以前的显示内容清除
    delay(5);
}
/****************************************************
函数功能:显示秒
**************************************************** /
void Displaytime()
{
    stpos(0x07);     //写显示地址,将十位数字显示在第2行第7列
    lcdwd(digital[second/10]);      //将秒十位数字的字符常量写入LCD
    lcdwd(digital[second%10]);     //将秒个位数字的字符常量写入LCD
}
/****************************************************
主函数
**************************************************** /
void main(void)
{
    uchar i;
    lcdreset();      //调用LCD初始化函数
    TMOD=0x01;       //使用定时器T0的模式1
    TH0=(65536-50000)/256;    //定时器T0的高8位设置初值
    TL0=(65536-50000)%256;    //定时器T0的低8位设置初值
    EA=1;            //开总中断
    ET0=1;           //定时器T0中断允许
    TR0=1;           //启动定时器T0
        count=0;
    second=59;       //倒计时初始化
    flag=0;          //初始flag为0,蜂鸣器不响
    i=0;             //从字符数组的第1个元素开始显示
        displaytime();          //显示时间
```

```
while(1)           //无限循环
{
    if(flag_time)
    {
        flag_time=0;
        if(flag==0)
        {
            if(sccond--==0)
            {
                flag=1;
                second=0;
                temp=count;
            }
            Displaytime();    //显示时间
        }
        else    //倒计时为0
        {
            setpos(0x46);    //写地址,从第1行第7列开始显示
            while(string[i]!='\0')//只要没有显示到字符串的结束标志'\0',就继续
            {
                lcdwd(string[i]);    //将第i个字符数组元素写入LCD
                i++;    //指向下一个数组元素
            }
            i=0;
            while(1)
            {
                if(count!=temp)
                {
                    temp=count;
                    i++;
                    P3^7=~P3^7;
                }
                if(i<100)continue;
                else
                {
                    TR0=0;
                    P3^7=1;
                }
```

```
                    }
                }
            }
        }
    }
}
/*****************************************************
函数功能:定时器 T0 的中断服务函数
***************************************************** /
void Time0(void)interrupt 1 //定时器 T0 的中断编号为 1,使用第 1 组工作寄存器
{
    TH0 = (65536 - 50000)/256;      //定时器 T0 高 8 位重新赋初值
    TL0 = (65536 - 50000)%256;      //定时器 T0 低 8 位重新赋初值
    count + +;
    if(count > = 20)
    {
        flag_time = 1;
        count = 0;
    }
}
```

2.5 想一想，做一做

1. LCD 分为哪两种类型？ LCD 有何特点？
2. 简述 1602LCD 各引脚功能，画出它与 AT89C51 的接口电路图。
3. 比较数码管显示驱动与液晶显示驱动的异同，以及在硬件电路设计时要注意些什么。
4. 设计一个用单片机控制 LCD 显示的电子钟：

要求：(1) 使用字符型 LCD 显示当前时间，显示方式为：时时：分分：秒秒；
　　　(2) 用功能按键分别控制时、分、秒的设置；
　　　(3) 设计电路图，写出程序。

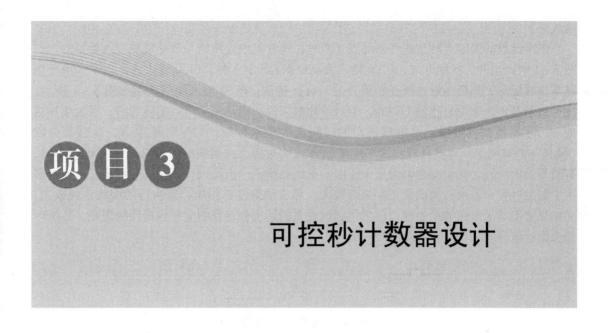

项目 3 可控秒计数器设计

3.1 项目描述

基于 51 系列单片机设计一个 60s 的可控计数器，通过按键可实现计数值复位、启动和暂停计数功能。

3.2 项目分析

该任务是在 60s 计数器的基础上，增加了计数值复位、计数启动/暂停功能，因此需要增加复位键和启动/暂停键。当按下启动/暂停键时，秒计数器开始计数，再次按下启动/暂停键时暂停计数；而当按下复位键时，计数值清零，并停止计数。要实现按键功能需要先了解键盘接口的相关知识。

3.3 键盘接口知识

3.3.1 键盘接口基础知识

键盘是由若干按键组成的开关矩阵，它是微型计算机最常用的输入设备，用户可以通过键盘向计算机输入指令、地址和数据。一般单片机系统中采用非编码键盘，非编码键盘是由软件来识别键盘上的闭合键，它具有结构简单，使用灵活等优点，因此被广泛应用于单片机系统。

组成键盘的按键有触点式和非触点式两种,单片机中应用的一般是机械触点类型的。在图 3-1 中,当开关 S 断开时,P1.0 输入为高电平;S 闭合时,P1.0 输入为低电平。由于按键是机械触点,当机械触点断开、闭合时,会有抖动,P1.0 输入端的波形如图 3-1 所示。这种抖动对于人来说是感觉不到的,但对单片机来说,则是完全可以感应到的,因为单片机处理的速度是在微秒级,而机械抖动的时间至少是毫秒级,对单片机而言,这已是一段"漫长"的时间了。当键处理程序采用中断方式的时候,在响应时可能会出现按键有时灵、有时不灵的问题,其实就是因为这个原因。虽然只按了一次按键,可是单片机却已执行了多次中断的过程,若执行的次数正好是奇数次,那么结果没有影响;若执行的次数是偶数次,那结果就不对了。而如果处理程序采用查询方式的话也会存在响应按键迟钝的现象,甚至可能会漏掉信号。

图 3-1 按键抖动波形图

为了使 CPU 能正确地读出 P1.0 口的状态,对每一次按键只作一次响应,就必须考虑如何去除抖动,常用去抖动的方法有两种:硬件方法和软件方法。单片机设计中常用软件法,因此,对于硬件方法我们在此不做介绍。软件去除抖动其实很简单,就是在单片机获得 P1.0 口为低电平信号后不是立即认定 S 已被按下,而是延时 10ms 或更长一段时间后再次检测 P1.0 口,如果仍为低,说明 S 的确按下了,这实际上是避免了按键按下时的抖动时间。同样在检测到按键释放后(P1.0 为高),再延时 5~10ms,消除后沿的抖动,然后对键值处理。不过一般情况下,我们通常不对按键释放的后沿进行处理,实践证明,也能满足一定的要求。当然,实际应用中,对按键的要求也是千差万别,要根据不同的需要来编写处理程序,但以上是消除抖动的原则。

3.3.2 独立式键盘接口设计

某些电子产品中只需要几个功能键,此时按键一般采用独立式结构。独立式按键结构特点是每个键都单独占用 1 根 I/O 接口线,每个键的工作与其他 I/O 接口线的状态无关,如图 3-2 所示。这种电路结构简单、使用灵活。

独立式按键的编程常采用查询方式。查到哪个 I/O 接口线是低电平就表明哪个键按下,CPU 根据接收到的键值,转向该键的功能处理程序。独立式按键程序代码如下:

```
#include <at89x51.h>
#define uchar unsigned char
#define unit  unsigned int
void delay(int k)
{
    uchar i;
    uchar j;
```

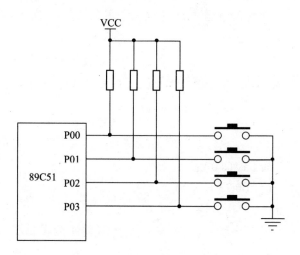

图 3-2　独立式键盘接口电路图

```
    for(i =0;i <124;i + +)
    for(j =0;j <k;j + +);
}
void main( )
{
        while(1)
        {
            if(P0^0 = =0)      //按键 1 识别
            {
                delay(10);
                if(P0^0 = =0)
                {
                    …    //按键 1 处理程序
                }
            }
            else if(P0^1 = =0)    //按键 2 识别
            {
                delay(10);
                if(p0^1 = =0)
                {
                    ……                //按键 2 处理程序
                }
            }
            else if(P0^2 = =0)    //按键 3 识别
            {
                delay(10);
```

```
            if(p0^2= =0)
            {
                ……                    //按键 3 处理程序
            }
        }
        else if(P0^3= =0)             //按键 4 识别
        {
            delay(10);
            if(p0^3= =0)
            {
                ……                    //按键 4 处理程序
            }
        }
    }
}
```

3.4 项目实施

从项目描述可知,任务对显示器的选型没有明确要求,因此这里选用二位共阳数码管,单片机还是选择 STC89C51,按键 2 个,下面介绍其硬件电路设计和软件设计。

3.4.1 硬件电路设计

如图 3-3 为数码管显示的二位秒计数器电路图。图中二位共阳数码管的段码线经电阻

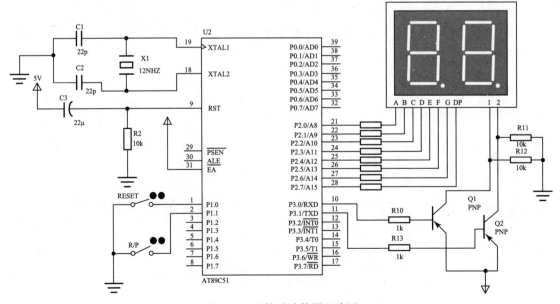

图 3-3 可控秒计数器电路图

限流接到单片机的 P2 口，限流电阻大小为 330Ω，位选线通过 P3.0、P3.1 进行控制。复位键和启动/暂停键分别接在 P1.0、P1.1 两个引脚上，由于单片机 P1 口内部有上拉电阻，所以不需要再在单片机外部接上拉电阻。

3.4.2 软件设计

根据图 3-3 可控秒计数器的电路图和设计任务要求，可以画出程序流程图，如图 3-4 和 3-5 所示。

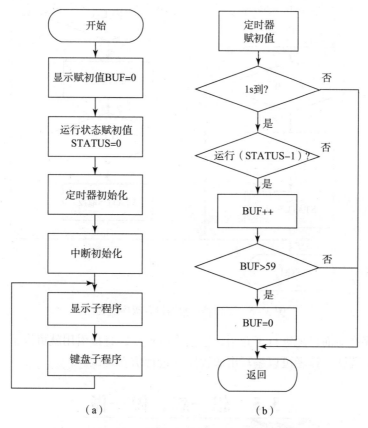

图 3-4 可控秒计数器程序流程图
(a) 主程序；(b) 定时中断服务程序

图 3-4（a）为可控秒计数器的主程序流程图。在主程序中包含初始化和主循环两个部分，初始化程序包含计数初值初始化、运行状态初始化和定时中断初始化程序，在主循环部分包含显示子程序和键盘子程序。

图 3-4（b）为定时中断服务程序流程图。进入定时中断程序，先判断 1 秒钟到了没有，当 1 秒钟到了再根据运行状态判断是否进行秒计数的加运算，如果是运行状态（STATUS=1）则进行秒加 1 运算，否则退出中断程序。

图 3-5 为键盘子程序流程图。在键程序中首先判断复位键是否按下，复位键按下 P3.0=0，经延时去抖动后，执行复位键功能程序，即计数值清零、程序运行状态指针清零、停止计数。若复位键没有按下，判断控制键（运行/暂停键）是否按下，当控制键按下时，经延

时去抖动后,执行控制键程序,即进行运行状态取反,实现运行和暂停之间的切换。

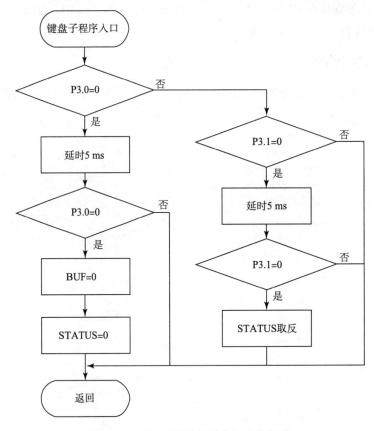

图 3-5 可控秒计数器键盘程序流程图

显示子程序在前面已经进行了介绍,这里不再重复,直接引用就可以了。
根据程序流程图,读者可以编写出源程序,进行仿真调试。

3.5 想一想,做一做

1. 通常按键的分类有哪几种?各自的优缺点有哪些?
2. 机械按键组成的键盘,应如何消除按键抖动?
3. 独立式按键和矩阵式按键分别具有什么特点?各适用于什么场合?
4. 试分析说明 4×4 键盘的工作过程。

项目 4 电子密码锁控制器设计

4.1 项目描述

利用 51 系列单片机，设计简易电子密码锁控制器，设置有清除键、开锁键，具体要求如下：

（1）密码长度：4 位；
（2）密码输入显示，可见；
（3）按清除键，可撤销输入的密码，开锁指示灯灭；
（4）输入 4 位密码后，按开锁键，密码正确，开锁指示灯亮，输入密码显示为全 0，密码错误，蜂鸣器响。

4.2 项目分析

电子密码锁是一种通过密码输入来控制电路，从而控制机械开关的闭合，完成开锁、闭锁任务的电子产品。电子密码锁控制器通常由单片机最小系统、键盘、显示器、开锁驱动电路等几个部分构成，如图 4-1 所示。

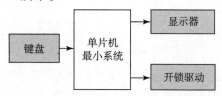

图 4-1 电子密码锁控制器结构框图

由键盘输入电子密码锁的密码，输入时显示器上显示相应数据，若密码输入正确，则开锁，否则，不开锁。

根据以上分析，设计该电子密码锁时，需要设置 10 个数字键输入密码，以及相应用的功能键，按键数量较多，如果采用独立式键盘，普通的 89C51 单片机引脚不够使用，所以需要采用矩阵式键盘加以解决。下面先介绍矩阵式键盘接口的相关知识。

4.3 矩阵键盘接口知识

当键盘中按键数量较多时，为了减少 I/O 口的占用，通常将按键排列成矩阵形式，如图 4-2 所示。在矩阵式键盘中，每条水平线和垂直线在交叉处不直接连通，而是通过一个按键加以连接。这样，一个端口（如 P1 口）就可以构成 4×4=16 个按键，比直接将端口线用于键盘多出了一倍，而且线数越多，区别越明显，比如再多加一条线就可以构成 4×5=20 个键的键盘，而直接用端口线则只能多出 1 个键（9 键）。由此可见，当需要的键数比较多时，采用矩阵式键盘是合理的。

4.3.1 矩阵式键盘的工作原理

如图 4-2 中，列线通过上拉电阻连接到电源，因此无键按下时各列线均为高电平。当某一行线输出低电平，且此时正好在此行线上有键按下时，相应列线变成低电平。单片机就是利用这种方法对整个键盘进行扫描。所谓扫描，就是 CPU 不断对行线逐行置低电平，然后检查列线输入状态确定按键情况。若无键按下，行线与列线没有相连，列线上全是高电平或说全为"1"。当有键按下时，总有键把某行某列线短接，使列线端口不全为高电平，即不全为"1"。

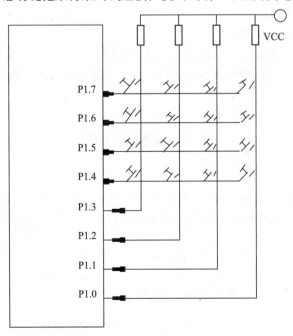

图 4-2 矩阵式键盘

确定矩阵式键盘上何键被按下通常采用"行扫描法"。如图4-3所示键盘,将全部行线置低电平,然后检测列线的状态。只要有一列的电平为低,则表示键盘中有键被按下,而且闭合的键位于低电平列线与4根行线相交叉的4个按键之中。若所有列线均为高电平,则键盘中无键按下。

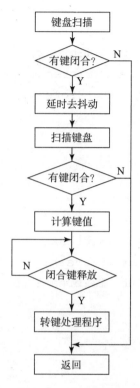

图4-3 矩阵式键盘

在确认有键按下后,即可开始确定具体闭合键。具体方法是:依次将行线置为低电平,即将某根行线置为低电平,其他行线和列线为高电平;再逐行检测各列线的电平状态,若某列为低,则该列线与置为低电平的行线交叉处的按键就是闭合的按键。

行扫描法识别按键的方法就像在二维平面上确定点,要在二维平面上找到确定的点,我们可以先确定这点的横坐标,然后确定它的纵坐标。识别按键的位置就可以先确定它的行线位置,再确定列线的位置,然后通过公式:键值=行号×列数+列号来计算得到。

4.3.2 矩阵式键盘的程序设计

根据矩阵式键盘的工作原理和行扫描法识别按键的方法,可以画出矩阵键盘的程序流程图,如图4-3所示。源程序如下:

```
/************************************************/
//…………4×4键盘矩阵扫描函数………………
//      有键按下,返回键值,没键按下返回0xff
/************************************************/
unsigned char keyscan(void)
```

```c
{
    unsigned char keyvalue;
    P3 = 0x7F;      //S4 S5 S6 S7
    switch(P3)
    {
        case 0x7E:keyvalue=0;break;
        case 0x7D:keyvalue=4;break;
        case 0x78:keyvalue=8;break;
        case 0x77:keyvalue=12;break;
        default:break;
    }
    P3 = 0xBF;   //S8 S9 S10 S11
    switch(P3)
    {
        case 0xBE:keyvalue=1;break;
        case 0xBD:keyvalue=5;break;
        case 0xBB:keyvalue=9;break;
        case 0XB7:keyvalue=13;break;
        default:break;
    }
    P3 = 0xDF;//S12 S13 S14 S15
    switch(P3)
    {
        case 0xDE:keyvalue=2;break;
        case 0xDD:keyvalue=6;break;
        case 0xDB:keyvalue=10;break;
        case 0xD7:keyvalue=14;break;
        default:break;
    }
    P3 = 0xEF;   //S16 S17 S18 S19
    switch(P3)
    {
      case 0xEE:keyvalue=3;break;
      case 0xED:keyvalue=7;break;
      case 0xEB:keyvalue=11;break;
      case 0xE7:keyvalue=15;break;
      default:break;
    }
```

```
    return keyvalue;
}
```

4.4 项目实施

根据电子密码锁控制器的设计任务要求，单片机可选用STC89C51，显示器选用4位共阳极数码管，设置12个按键，按图4-1电子密码锁控制器的结构框图，下面进行硬件电路设计和软件设计。

4.4.1 硬件电路设计

电子密码锁控制器的显示电路如图4-4所示，4位数码管的段码线接单片机的P1口，位选线接单片机的P2.0、P2.1、P2.2、P2.3引脚上。

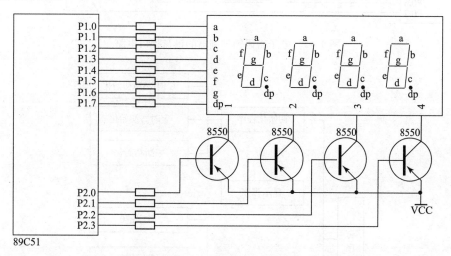

图4-4 简易电子密码锁控制器的显示接口电路图

电子密码锁控制器设置10个数字，2个功能键，键盘的行列线与P0口线相连，电路如图4-5所示。

4.4.2 软件设计

电子密码锁控制器的程序由初始化程序、显示程序、键盘程序和报警程序构成，程序结构如图4-6所示。

参考程序如下：

```
#include<at89x51.h>
#define uint unsigned int
#define uchar unsigned char
uchar a[6]={0,1,2,3,4,5};        //密码锁的密码
uchar b[6]={16,16,16,16,16,16};  //输入密码
```

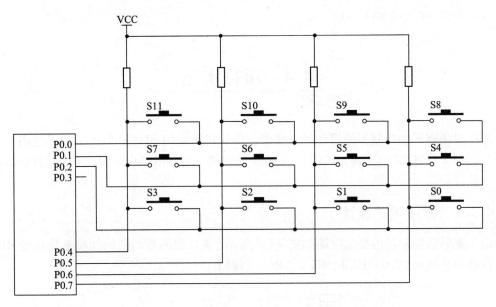

图 4-5 电子密码锁控制器的键盘接口电路

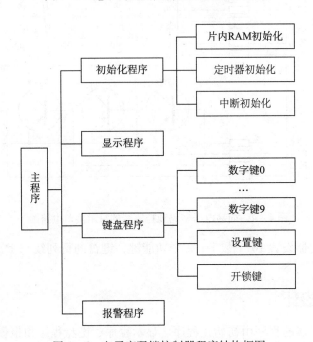

图 4-6 电子密码锁控制器程序结构框图

```
uchar t;                          //按键按下的键值
uchar number = 0;                 //输入密码的位数
uchar flag = 0, f = 0;            //f = 0 输入密码没有错误,flag = 1 为输入状态
void Delay(uint p,uint q);        //延时子函数
void Display();                   //显示子函数
void keypro();                    //键处理子函数
```

```c
uchar state[17]={0xC0,0xF9,0xA4,0xB0,0x99,0x92,0x82,
                 0xF8,0x80,0x90,0x88,0x83,0xC6,0xA1,0x86,0x8E,
                 0xFF};
void main(void)
{
    while(1)
    {
        Display();    //显示子函数
        keypro();     //键处理子函数
    }
}
void Display()
{
    uchar i,st;
    st=0xfe;
    for(i=0;i<6;i++)
    {
        P2=0xff;
        P0=state[b[i]];
        P2=st;
        Delay(1,100);
        st=(st<<1)+0x01;
    }
}
void Delay(uint p,uint q)
{
    uint i,j;
    for(i=0;i<p;i++)
    for(j=0;j<q;j++);
}
char keyscan(void)
{
    uchar z,hang,1ie;
    P1=0xf0;        //高四位输入,低四位输出
    z=P1;           //读取P1口的状态
    z&=0xf0;        //将低四位清零
    switch(z)
    {
        case 0xf0:return(0xff);  break;
```

```
        case 0xe0:hang=0;break;
        CaSC 0xd0:hang=1;break;
        case 0xb0:hang=2;break;
        case 0x70:hang=3;break;
        default:return(0xff);
    }
    Delay(1,5);
    P1=0x0f;
    z=P1;
    z&=0x0f;
    switch(z)
    {
        case 0x0f:remrn(0xft);break;
        case 0x0e:lie=0;break;
        case 0x0d:lie=1;break;
        case 0x0b:lie=2;break;
        case 0x07:lie=3;break;
        default:  return(0xff);
    }
    P1=0x0f;
    while((P1&0x0f)!=0x0f);          //等待按键释放
    z=hang*4+lie;
    return(z);
}

void keypro()
{
    uchar k;
    t=keyscan();
    if(t==14)      //输入键按下
    {
        flag=1;
        P3^7=0;     //flag=0 不是输入状态,flag=1 为输入状态
        P3^5=1;
        P3^6=1;
        number=0;
    }
    else if(t==11)     //清除键按下
    {
```

```
            for(k=0;k<6;k++)
            b[kl=0;
            number=0;
        }
        else if(t==10)    //退格键按下
        {
            for(k=0;k<5;k++)
            b[k]=b[k+1];
            b[k]=16;
            if(number--==0)munber=0;
        }
        else if(t==15)    //确认键按下
        {
            flag=0;
            P3^7=1;
            for(k=0;k<6;k++)
            {
                if(b[k]==a[k])continue;
                else break;
            }
            if(k==6)       //密码正确
            {
                P3^5=0;
                P3^6=1;
            }
            else           //密码不正确
            {
                P3^5=1;
                P3^6=0;
            }
        }
    }
    else if(t>=0&&t<=9&&number<=5&&flag==1)
    {
        for(k=5;k>0;k--)
        b[k]=b[k-1];
        b[0]=t;
        number++;
    }
}
```

4.5　想一想，做一做

1. 简述电子密码锁的电路组成。
2. 画出电子密码锁控制器的键盘接口电路。

智能电子钟的设计与制作

5.1 项目描述

基于单片机和日历时钟芯片设计并制作一个电子钟,以24h计时方式工作,显示日期和时间,具有校时功能。

扩展要求:具有整点报时功能;可设置闹钟时间,闹铃时间1分钟,也可通过按键关闭闹铃。

5.2 项目实施

智能电子产品的设计与制作可分为方案设计、硬件电路设计、软件设计和系统调试四个步骤进行。

5.2.1 方案设计

根据设计任务的要求,尽可能多地收集相关资料,如电子钟的分类、每类的功能特点及使用方法等;细化系统的功能和技术指标,从而确定系统的基本结构、关键器件的选型等;最后通过项目分析,完成智能电子钟的方案设计,并将方案内容填入表格,见表5-1智能电子钟方案设计工作单。

表 5–1　智能电子钟方案设计工作单

项目名称	智能电子钟的设计与制作	任务名称	智能电子钟方案设计	
班级		小组编号		成员
用途				
详细功能及技术指标描述				
面板设计				
结构框图				
原理说明				
关键器件选型				
实施计划（时间安排和工作分工）				
存在问题及建议				

5.2.2　硬件电路设计

硬件电路设计包括原理图设计和 PCB 板设计，在具体设计中要注意以下几点：

（1）在原理图设计中，要充分利用单片机的硬件资源，合理分配单片机的 I/O 口，提高产品的性价比。

（2）单片机外围电路较多时，必须考虑其驱动能力。驱动能力不足时，系统工作不可靠，可通过增设线驱动器增强驱动能力或减少芯片功耗来降低总线负载。

（3）可靠性及抗干扰设计是硬件设计中必不可少的一部分，它包括芯片器件选择、去耦滤波、印刷电路板布线、通道隔离等。

（4）硬件电路的安装调试，必须制订严格的调试步骤，保证仪器仪表和器件的安全。

根据智能电子钟的设计方案，绘制电路原理图和 PCB 板图，最后进行硬件安装与调试，在硬件设计过程中，认真做好学习记录，包括存在的问题，同时将各模块电路的内容填入表 5–2 中。

表 5–2　硬件设计工作单

项目名称	智能电子钟的设计与制作	任务名称	智能电子钟硬件设计	
班级		小组编号		成员
说明：根据硬件系统基本结构，画出系统各模块的原理图，并说明工作原理，填写下表。				
单片机最小系统				
显示接口电路				
键盘接口电路				
时钟芯片接口电路				
电源电路				
PCB 板元器件布局图				
存在问题及建议				

5.2.3 软件设计

电子产品的软件设计通常包括制订程序设计计划、程序模块划分、流程图设计、程序设计与调试几个步骤。对于本项任务具体要求如下：

（1）明确电子钟的功能，制订程序设计方案。

在进行程序设计前，最关键的工作是仔细分析电子钟的功能和技术要求，根据这些要求和说明，把程序应该具备的主要功能写清楚、写仔细。如不清楚，应向客户和使用者问清楚，避免因考虑不全、重新设计造成的麻烦。在此认真分析的基础上，完成程序设计方案的制订。

（2）绘制功能模块结构图和程序流程图。

根据要完成的程序功能，把整个程序划分成几个主要的功能模块，画出功能模块结构图，并对存储器、标志位等单元做具体的分配和说明。完成电子钟的功能模块结构图的绘制后，绘制每个功能模块的基本流程图，为程序编写起指导作用。

（3）准备编程所需的资料。

编程资料包括单片机编程语言的资料、单片机芯片资料、日历时钟芯片的资料和应用案例、显示器相关资料。

（4）程序编写和调试。

在上面的准备工作完成后，就可以着手编写程序。程序的编写可按照显示程序、键盘程序、定时程序、日历时钟芯片读写程序的顺序进行。此外，每写完一个功能程序就要进行调试，通过后再编写另外一个功能程序，以便于调试、定位错源。

在智能电子钟软件设计过程中，根据智能电子钟的设计方案和硬件电路，先进行软件模块的划分，再按模块进行程序设计，并将程序流程图及程序填入表5-3中。在此表中，重点做好程序结构、定时器、中断、存储单元等使用情况的记录。

表5-3 软件设计工作单

项目名称	智能电子钟的设计与制作	任务名称	智能电子钟软件设计
班级		小组编号		成员	
说明：根据软件系统结构，画出系统各模块的程序图，及各模块所使用的资源，填写下表。			
显示程序			
键盘程序			
时钟读写程序			
校时程序			
存在问题及建议			

5.2.4 设计文件编写

设计文件的种类很多，各种产品的设计文件的文件种类也可能各不相同。文件的多少以能完整地表达所需意义而定。可以按文件的样式将设计文件分为三大类：文字性文件、表格性文件和电子工程图。

（1）文字性设计文件。

产品标准或技术条件：产品标准或技术条件是对产品性能、技术参数、试验方法和检验要求等所作的规定。产品标准是反映产品技术水平的文件。有些产品标准是由国家标准或行业标准做了明确规定的，文件可以引用，国家标准和行业标准未包括的文件内容应补充进去。一般地讲，企业制订的产品标准不能低于国家标准和行业标准。家用电器产品控制器中按技术条件要求编写的技术规格书也类似产品标准。

技术说明、使用说明、安装说明：技术说明是供研究、使用和维修产品用的，对产品的性能、工作原理、结构特点应说明清楚，其主要内容应包括产品技术参数、结构特点、工作原理、安装调整、使用和维修等内容。使用说明是供使用者正确使用产品而编写的，其主要内容是说明产品性能、基本工作原理、使用方法和注意事项。安装说明是供使用产品前的安装工作而编写的，其主要内容是产品性能、结构特点、安装图、安装方法及注意事项。

调试说明：调试说明是用来指导调试产品性能参数的。

（2）表格性设计文件。

明细表：明细表是构成产品（或某部分）的所有零部件、元器件和材料的汇总表，也叫物料清单。从明细表可以查到组成该产品的零部件、元器件及材料。

软件清单：软件清单是记录软件程序的清单。

接线表：接线表是以表格形式表述了电子产品两部分之间的接线关系的文件，用于指导生产时该两部分的连接。

（3）电子工程图。

电路图：电路图也叫原理图、电路原理图，它用电气制图的图形符号画出产品各元器件之间、各部分之间的连接关系，用以说明产品的工作原理，是电子产品设计文件中最基本的图纸。

方框图：方框图使用一个个方框表示电子产品的各个部分，用连线表示它们之间的连接，进而说明了产品的组成结构和工作原理，它是原理图的简化示意图。

装配图：装配图是用机械制图的方法画出的表示产品结构和装配关系的图，从装配图可以看出产品的实际构造和外观。

零件图：一般用零件图来表示电子产品中某一个需要加工的零件的外形和结构，印制板图是在电子产品中最常见也是必须要画的零件图。

逻辑图：逻辑图是用电气制图的逻辑符号表示电路工作原理的一种工程图。

软件流程图：软件流程图是用流程图的专用符号画出软件的工作程序的流程图。

以上介绍的是开发成熟的电子产品所需要整理的文件类型。电子产品设计文件通常由产品开发设计部门编制和绘制，经工艺部门和其他有关部门会签后，再经开发部门技术负责人审核批准后生效。

对于学生设计的作品而言，只需将设计报告填写清楚就可以了。一份完整的设计报告包含了设计内容、设计思路、电路原理图、程序流程图、内存单元分配表、调试过程出现的问题分析、设计的优缺点及进一步的改进设想这些内容。

5.3 项目实施评价表

智能电子钟的设计与制作的项目评价主要由方案设计、详细设计与制作、技术文档编写及学习汇报五个部分组成,各部分的评价标准见表5-4。

表5-4 智能电子钟设计与制作考核表

考核项目	考核点	权重	考核标准 A (1.0)	考核标准 B (0.8)	考核标准 C (0.6)	得分
方案设计（20%）	系统结构	10%	系统结构清楚,信号表达正确,符合功能要求			
方案设计（20%）	器件选型	10%	主要器件的选择,能满足功能和技术指标的要求,且选择理由论证充分,按键设置合理,操作简便	主要器件的选择,能满足功能和技术指标的要求,按键设置合理	主要器件的选择,能满足功能和技术指标的要求	
详细设计与制作（40%）	硬件设计	15%	单片机引脚分配合理,电路设计正确,元件布局合理、美观,线路板走线合理	单片机引脚分配合理,电路设计正确,元件布局合理,线路板走线合理	单片机引脚分配合理,电路设计正确,元件布局合理	
详细设计与制作（40%）	程序设计	15%	程序模块划分正确,单片机资源分配合理,流程图符合规范、标准,程序结构清晰,内容完整	程序模块划分正确,单片机资源分配合理,流程图符合规范、标准,程序内容完整	程序模块划分正确,流程图符合规范、标准,程序内容完整	
详细设计与制作（40%）	程序调试	10%	调试步骤清楚,目标明确,方法合理,调试过程记录完整、有分析,结果正确	调试有步骤,有目标,有调试方法的描述,调试过程记录完整,结果正确	调试有步骤、有目标,调试过程有记录,结果正确	
功能（20%）	功能	10%	完成了所有功能	在完成基本功能的基础上,完成了部分扩展功能	完成了基本功能	
功能（20%）	操作简便	10%	按键设置合理,操作方便	按键功能正确	按键功能基本正确	

续表

考核项目	考核点	权重	考核标准			得分
			A (1.0)	B (0.8)	C (0.6)	
技术文档（20%）	使用说明书	15%	说明书内容完整，文字表达简单、易懂，对可能出现的问题有说明	说明书内容完整，文字表达清楚，对可能出现的问题有说明	说明书结构完整，文字表达通顺	
	设计资料	5%	设计资料完整，编排顺序符合规定，有目录	设计资料完整，编排顺序基本合理，有目录	设计资料基本完整，编排顺序基本合理	
合计						

5.4 拓展知识

5.4.1 点阵 LED 接口设计

1. 点阵 LED 接口基础

LED 点阵显示屏是由许多均匀排列的发光二极管组成的显示模块，因其亮度高、寿命长、视角大、易于与计算机接口等优点，而被广泛应用在文字、图像信息的播放中。LED 点阵显示屏按颜色基色可分为单基色显示屏、双基色显示屏和全彩色显示屏。LED 点阵显示模块是构成 LED 显示屏的基本单元，下面简要介绍单基色 LED 点阵显示模块的基本结构和接口设计。

如图 5-1 所示是 8×8 点阵的 LED 显示模块的规则图。

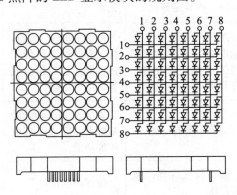

图 5-1 8×8 点阵的 LED 显示屏的规则图

8×8 LED 显示模块的内部实际上是 64 个发光二极管按矩阵排列而成的发光二极管组，每个发光二极管是放置在行线和列线的交叉点上，当二极管的正端置"1"，另一端置"0"，该二极管就被点亮，LED 显示屏上相应的点也就亮起来。LED 显示屏就是通过分别驱动行列线来点亮 LED 屏上相应的点的。

点阵 LED 一般采用扫描式显示，扫描可分为点扫描、行扫描和列扫描三种方式。为了符合视觉暂留的要求，若采用点扫描，其扫描频率必须大于 $16 \times 64 = 1024$（Hz），周期小于 1ms；若使用行扫描或列扫描，则频率必须大于 $16 \times 8 = 128$（Hz），周期小于 7.8ms。还要注意的是，当驱动一列或一行的 8 颗 LED 时，需外加驱动电路提高电流，否则 LED 亮度会不足。如图 5-2 所示是 2 位 8×8 LED 点阵接口电路图。

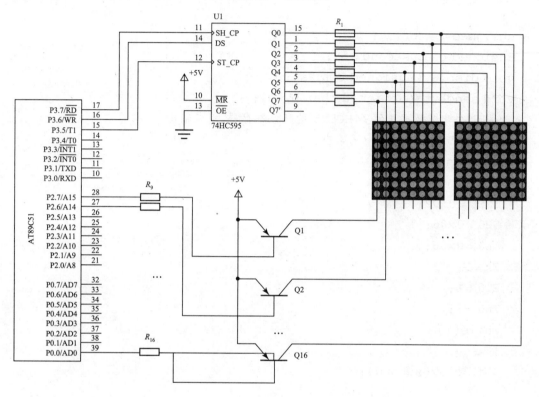

图 5-2　2 位 8×8 LED 点阵接口电路图

2 位 8×8 LED 点阵实现 60 秒倒计时的程序如下：

```
#include<REG51.H>
#include<intrins.b>
sbit DAT = P3^6;      //74HC595 的数据串行输入端口 1
sbit CLK = P3^7;      //74HC595 移位寄存器移位使能
sbit RCLK = P3^5;     //74HC595 并行输出使能
#define nop() ^_nop;_nop_();
unsigned char matix[10][8] =
{
    0x00,0x00,0x3E,0x41,0x41,0x41,0x3E,0x00,   //0
    0x00,0x00,0x00,0x00,0x21,0x7F,0x01,0x00,   //1
    0x00,0x00,0x27,0x45,0x45,0x45,0x39,0x00,   //2
    0x00,0x00,0x22,0x49,0x49,0x49,0x36,0x00,   //3
    0x00,0x00,0x0c,0x14,0x24,0x7F,0x04,0x00,   //4
```

```c
    0x00,0x00,0x72,0x51,0x51,0x51,0x4e,0x00,   //5
    0x00,0x00,0X3e,0x49,0x49,0x49,0x26,0x00,   //6
    0x00,0x00,0x40,0x40,0x40,0x4F,0x70,0x00,   //7
    0x00,0x00,0x36,0x49,0x49,0x49,0x36,0x00,   //8
    0x00,0x00,0x32,0x49,0x49,0x49,0x3e,0x00    //9
};
unsigned int tflag;
unsigned char second=59;
void display(unsigned char s);
void sendbyte(unsigned char byte);
//将1个字节数据送到74HC595的移位寄存器,但未输出
void out595(void);    //输出
void main()
{
    TMOD=0x02;
    TH0=0x06;
    TL0=0x06;
    EA=1;
    ET0=1;
    TR0=1;
    while(1)
    {
        display(second);
    }
}
//T0 中断服务函数
void isr_t0(void) interrupt 1
{
    tflag++;
    if(tflag==4000)
    {
        tflag=0;
        second--;
        if(second==255)
        second==59;
    }
}
//******延时子程序******//
void delayms(unsigned int ms)
```

```c
{
    unsigned int i;
    while(ms--)
    {
        for(i=0;i<5;i++);
    }
}
/*将1个字节数据送到74HC595的移位寄存器,但未输出*/
void sendbyte(unsigned char byte)
{
    unsigned char c;
    for(c=0;c<8;c++)
    {
        CLK=0;
        DAT=byte&0x80;
        byte=byte<<1;
        CLK=1;
    }
}
//----输出------
void out595(void)
{
    RCLK=0;
    nop();
    RCLK=1;
}
//----点阵显示------
void display(unsigned char s)
{
    unsigned char i,j,k;
    i=s/10;    //十位
    j=s%10;    //个位.
    P2=0xff;
    for(k=0;k<8;k++)
    {
        P1=~(1<k);
        sendbyte(~matix[i][k]);
        out595();
        delayms(32);
```

```
         }
         P1 = 0xff;
         for(k = 0;k < 8;k + +)
         {
              P2 = ~(1 < k);
              sendbyte( ~matix[j][k]);
              out595();
              delayms(32);
         }
    }
```

2. 点阵 LED 广告牌设计

(1) 设计要求

利用 51 系列单片机设计点阵 LED 广告牌，实现以下功能：

① 利用简单的外围电路驱动 32×16 的点阵 LED 显示屏；

② 以动态扫描的方式同时显示 2 个 16×16 点阵汉字。

(2) 点阵 LED 广告牌的基本结构

点阵 LED 广告牌主要由单片机 AT89C51、4 个 74HC595、1 个 74HC154、2 个 74HC240、2 个 16×16 的 LED 构成，系统框图如图 5-3 所示。该电路所设计的广告牌可显示多个汉字，需要 2 个 16×16LED 点阵模块，可组成 16×32 的条形点阵。

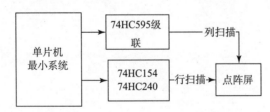

图 5-3　点阵 LED 广告牌的系统框图

(3) 点阵 LED 广告牌的硬件设计

8 个 8×8 的 LED 点阵模块接成 2 个 16×16 的点阵模块，LED 的行扫描驱动利用一片 74HC154 和两片 74HC240 来实现，列扫描利用 4 片 74HC595 串行级联实现，如图 5-4 所示。

图中 74HC595 为移位寄存器，引脚图如图 5-5 所示。各引脚功能如下：

DS：串行数据输入，接 Arduino 的某个 I/O 引脚。

Q0~Q7：8 位并行数据输出，可以直接控制 8 个 LED，或者是七段数码管的 8 个引脚。

Q7'：级联输出端，与下一个 74HC595 的 DS 相连，实现多个芯片之间的级联。

SH_CP：移位寄存器的时钟输入。上升沿时移位寄存器中的数据依次移动一位，即 Q0 中的数据移到 Q1 中，Q1 中的数据移到 Q2 中，依次类推；下降沿时移位寄存器中的数据保持不变。

ST_CP：存储寄存器的时钟输入。上升沿时移位寄存器中的数据进入存储寄存器，下降沿时存储寄存器中的数据保持不变。应用时通常将 ST_{CP} 置为低电平，移位结束后再在 ST_{CP} 端产生一个正脉冲更新显示数据。

项目5 智能电子钟的设计与制作

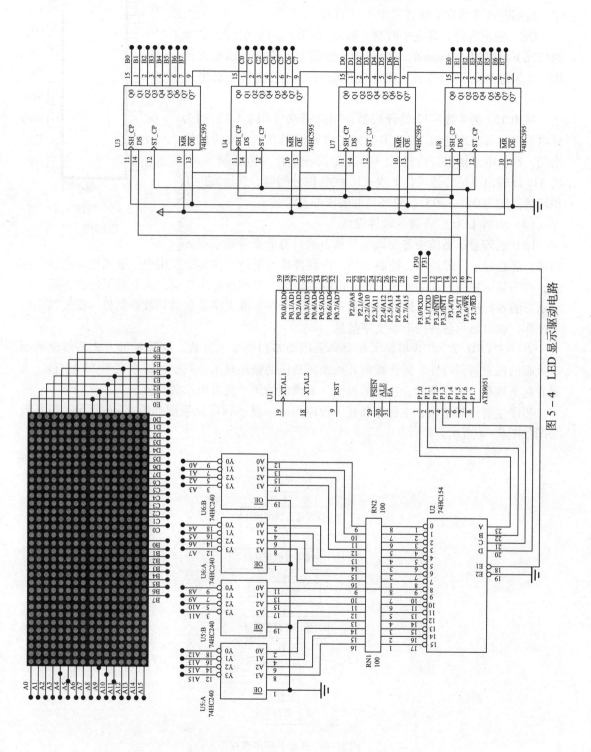

图 5-4 LED 显示驱动电路

MR：重置（RESET），低电平时将移位寄存器中的数据清零，应用时通常将它直接连高电平（VCC）。

QE：输出允许，高电平时禁止输出（高阻态）。引脚不紧张的情况下可以用 Arduino 的一个引脚来控制它，这样可以很方便地产生闪烁和熄灭的效果。实际应用时可以将它直接连低电平（GND）。

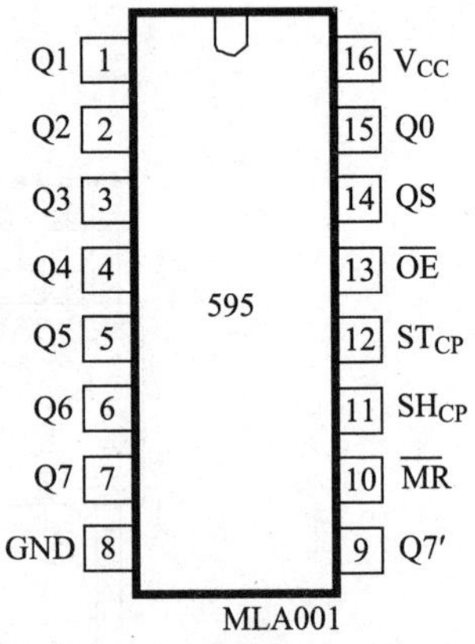

74HC154 为 4 线 - 12 线译码器，当选通端（G1、G2）均为低电平时，可将地址端（ABCD）的二进制编码在一个对应的输出端，以低电平译出。若将 G1 和 G2 中的一个作为数据输入端，由 ABCD 输出寻址，还可作 1 线 - 16 线数据分配器。其适宜的工作环境温度为 0℃ ~ 70℃，对环境的要求非常合适。

图 5 - 5　74HC595 引脚图

（4）点阵 LED 广告牌的软件设计

LED 点阵显示系统中各模块的显示方式：有静态和动态显示两种。静态显示原理简单、控制方便，但硬件接线复杂，在实际应用中一般采用动态显示方式，动态显示采用扫描的方式工作，由峰值较大的窄脉冲电压驱动，从上到下逐次不断地对显示屏的各行进行选通，同时又向各列送出表示图形或文字信息的列数据信号，反复循环以上操作，就可显示各种图形或文字信息。

点阵式 LED 汉字广告屏绝大部分是采用动态扫描显示方式，这种显示方式巧妙地利用了人眼的视觉暂留特性。将连续的几帧画面高速的循环显示，只要帧速率高于 24 帧/秒，人眼看起来就是一个完整的、连续的画面。最典型的例子就是电影放映机。

程序主要由初始化、主程序和显示程序组成。显示程序流程图如图 5 - 6 所示，仿真效果图如图 5 - 7 所示。

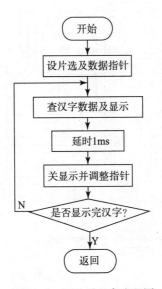

图 5 - 6　显示子程序流程图

项目5 智能电子钟的设计与制作

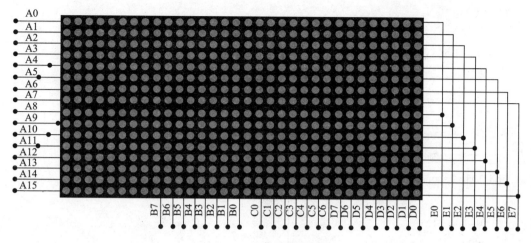

图5-7 仿真效果图

参考程序：
```
#include<reg51.h>
#include<intrins.h>
#define nop() _nop_();nop_();
#define uint unsigned int
#define uchar unsigncd char
    sbit CLK = P3^4;     //74HC595 移位寄存器移位使能
    sbit DAT = P3^5;     //74HC595 的数据串行输入端口
    sbit RCLK = P3^6;    //74HC595 并行输出使能
    sbit El_154 = P3^7;  //74HC154 使能信号
//"信息"两个汉字的字库码
    unsigned char LED[64] = {
0x08,0x80,0x02,0x00,0x08,0x44,0x04,0x10,0x0F,0xFE,0x1F,0xF8,0x10,0x00,0x10,0x10,
    0x10,0x08,0x10,0x10,0x37,0xFC,0x1F,0xF0,0x50,0x00,0x10,0x10,0x90,0x08,0X1F,0xF0,
    0x17,0xFC,0x10,0x10,0x10,0x00,0x10,0x10,0x13,0xF8,0x1F,0xF0,0x12,0x08,0x02,0x00,
    0x12,0x08,0x51,0x84,0x12,0x08,0x50,0x92,0x13,0xF8,0x90,0x12,0x12,0x08,0x0F,0xF0}
    void delayms(uint ms);          //延时
    void MatrixDisplay(uchar * ptr); //点阵显示子函数
    void sendbyte(uchar byte);//将1个字节数据送到74HC595 的移位寄存器,但未//输出
    void out595(void);              //74HC595 并行输出
//------主函数------
```

57

```c
main()
{
    while(1)
    {
        MatrixDispiay(LED);
    }
}
//------延时子程序-------
void delayms(uint ms)
{
    uint i;
    while(ms--)
    {
        for(i=0;j<5;i++);
    }
}
//----将1个字节数据送到74HC595的移位寄存器,但未输出----
void sendbyte(uchar byte)
{
    uchar c;
    for(c=0;c<8;c++)
    {
        CLK=0;
        DAT=bytc&0x80;
        byte=byte<<t;
        CLK=1;
    }
}
//----输出------
void out595(void)
{
    RCLK=0;
    nop();
    RCLK=1;
}
//----点阵显示------
void MatrixDisplay(uchar *ptr)
{
    uchar i,j,k;
```

```
    E1_154 = 1;
    for(i = 0;i < 16;i + +)
    {
        P1 = i;
        for(j = 4;j > 0;j - -)
        {
            K = ~( *(ptr + i * 4 + j - 1));
            sendbyte(k);
        }
        out595();
        E1_154 = 0;
        delayms(32);
    }
}
```

5.4.2 常用日历时钟芯片简介

日历时钟芯片常用的有 DS12C887、PCF8553、DS1302 等。根据系统的功能，选择性价比高的日历时钟芯片。

1. DS12C887 日历时钟芯片

DS12C887 是美国 DALLAS 公司的新型时钟日历芯片，它能够自动产生世纪、年、月、日、时、分、秒等时间信息。DS12C887 中自带有锂电池，外部掉电时，其内部时间信息还能够保持 10 年之久。对于一天内的时间记录，有 12 小时制和 24 小时制两种模式，在 12 小时制模式中，用 AM 和 PM 区分上午和下午。时间的表示方法也有两种，一种用二进制数表示，一种是用 BCD 码表示。DS12C887 中带有 128 字节 RAM，其中有 11 字节用来存储时间信息，4 字节用来存储 DS12C887 的控制信息，称为控制寄存器，113 字节通用 RAM 供用户使用。此外用户还可对 DS12C887 进行编程以实现多种方波输出，并可对其内部的三路中断通过软件进行屏蔽。

DS12C887 的引脚排列如图 5-8 所示，各管脚的功能说明如下：

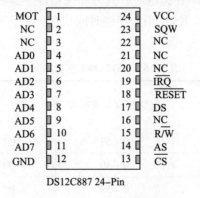

图 5-8　DS12C887 引脚排列图

GND、VCC：直流电源 VCC 接 +5V 输入，GND 接地。当 VCC 输入为 +5V 时，用户可以访问 DS12C887 内 RAM 中的数据，并可对其进行读、写操作；当 VCC 的输入小于 +4.25V 时，禁止用户对内部 RAM 进行读、写操作，此时用户不能正确获取芯片内的时间信息；当 VCC 的输入小于 +3V 时，DS12C887 会自动将电源切换到内部自带的锂电池上，以保证内部的电路能够正常工作。

MOT：模式选择脚，DS12C887 有两种工作模式，即 Motorola 模式和 Intel 模式，当 MOT 接 VCC 时，选用的工作模式是 Motorola 模式；当 MOT 接 GND 时，选用的是 Intel 模式。本文主要讨论 Intel 模式。

SQW：方波输出脚，当供电电压 VCC 大于 4.25V 时，SQW 脚可进行方波输出，此时用户可以通过对控制寄存器编程来得到 13 种方波信号的输出。

AD0 ~ AD7：复用地址数据总线，该总线采用时分复用技术，在总线周期的前半部分，出现在 AD0 ~ AD7 上的是地址信息，可用以选通 DS12C887 内的 RAM；在总线周期的后半部分，出现在 AD0 ~ AD7 上的是数据信息。

AS：地址选通输入脚，在进行读写操作时，AS 的上升沿将 AD0 ~ AD7 上出现的地址信息锁存到 DS12C887 上，在下一个下降沿清除 AD0 ~ AD7 上的地址信息，不论是否有效，DS12C887 都将执行该操作。

DS/RD：数据选择或读输入脚，该引脚有两种工作模式，当 MOT 接 VCC 时，选用 Motorola 工作模式，在这种工作模式中，每个总线周期的后一部分的 DS 为高电平，被称为数据选通。在读操作中，DS 的上升沿使 DS12C887 将内部数据送往总线 AD0 ~ AD7 上，以供外部读数。在写操作中，DS 的下降沿使总线 AD0 ~ AD7 上的数据锁存在 DS12C887 中；当 MOT 接 GND 时，选用 Intel 工作模式，在该模式中，该引脚是读允许输入脚，即 Read Enable。

R/W：读/写输入端，该管脚也有 2 种工作模式，当 MOT 接 VCC 时，R/W 工作在 Motorola 模式，此时，该引脚的作用是区分正在进行的是读操作还是写操作，当 R/W 为高电平时为读操作，R/W 为低电平时为写操作；当 MOT 接 GND 时，R/W 工作在 Intel 模式，此时该引脚作为写允许输入，即 Write Enable。

CS：片选输入，低电平有效。

IRQ：中断请求输入，低电平有效，该引脚对 DS12C887 内的时钟、日历和 RAM 中的内容没有任何影响，仅对内部的控制寄存器有影响。在典型的应用中，RESET 可以直接连接 VCC，这样可以保证 DS12C887 在掉电时，其内部控制寄存器不受影响。

在 DS12C887 内有 11 字节 RAM 用来存储时间信息，4 字节用来存储控制信息，其具体地址及取值如表 5 – 5 所列。

表 5 – 5 DS12C887 存储格式表

地址	功能	取值范围十进制数	取值范围	
			二进制	BCD 码
0	秒	0 ~ 59	00 ~ 3B	00 ~ 59
1	秒闹铃	0 ~ 59	00 ~ 3B	00 ~ 59
2	分	0 ~ 59	00 ~ 3B	00 ~ 59

续表

地址	功能	取值范围十进制数	取值范围 二进制	取值范围 BCD 码
3	分闹铃	0~59	00~3B	00~59
4	12 小时模式	0~12	01~OCAM 81~8CPM	01~12AM 81~92PM
4	24 小时模式	0~23	00~17	00~23
5	时闹铃,12 小时制	1~12	01~OCAM 81~8CPM	01~12AM 81~92PM
5	时闹铃,24 小时制	0~23	00~17	00~23
6	星期几（星期天=1）	1~7	01~07	01~07
7	日	1~31	01~1F	01~31
8	月	1~12	01~0C	01~12
9	年	0~99	00~63	00~99
10	控制寄存器 A			
11	控制寄存器 B			
12	控制寄存器 C			
13	控制寄存器 D			
50	世纪	0~99	NA	19,20

由表 5-5 可以看出：DS12C887 内部有 A~D 共 4 个控制寄存器，用户都可以在任何时候对其进行访问以对 DS12C887 进行控制操作。

2. PCF8563 日历时钟芯片

PCF8563 是 Philips 公司生产的 I^2C 接口总线的多功能时钟/日历芯片，可广泛应用于电信设备、便携式仪器仪表等其他具有时钟功能要求的设备。其主要性能介绍如下：

电源电压 1.0~5.5V，复位电压 Vlow=1.0V；

超低功耗，典型值为 0.25 uA；

具有四种报警功能和定时器功能；

内部具有复位电路、振荡器和低电压检测电路；

中断输出和可编程时钟输出功能；

400kHz I^2C 总线接口。

（1）PCF8563 引脚功能。

PCF8563 有三种芯片：PCF8563P、PCF8563T 和 PCF8563TS。PCF8563 有两种封装形式，其中带后缀 T 的为 SOIC-8 封装，带后缀 P 的为 DIP-8 封装。它的引脚功能如下：

OSCI(1 脚):振荡器输入端

OSCO(2 脚):振荡器输出端

INT(3脚):中断输出(开漏,低电平有效)
VSS(4脚):地
SDA(5脚):串行数据/地址线
SCL(6脚):时钟输入端
CLKOUT(7脚):时钟输出(开漏)
VDD(8脚):电源端

(2) PCF8563 内部寄存器。

PCF8563 共有 16 个寄存器,其中 00H、01H 为方式控制寄存器;02H~08H 为秒…年等时间寄存器;09H~0CH 为报警功能寄存器;0DH 为时钟输出寄存器;0EH、0FH 为定时器功能寄存器。各寄存器的格式见表 5-6。

表 5-6 PCF8563 存储器格式

地址	寄存器名称	B7	B6	B5	B4	B3	B2	B1	B0
00H	控制/状态寄存器 1	test	0	stop	0	testc	0	0	0
01H	控制/状态寄存器 2	0	0	0	TI/TP	AF	TF	AIE	ⅡE
02H	秒			00~59BCD 码格式数					
03H	分钟			00~59BCD 码格式数					
04H	小时	–	–		00~23BCD 码格式数				
05H	日	–	–		01~31BCD 码格式数				
06H	星期	–	–	–	–	–		0~6	
07H	月/世纪	C	–	–	0		~12BCD 码格式数		
08H	年			00~99BCD 码格式数					
09H	分钟报警	AE		00~59BCD 码格式数					
0AH	小时报警	AE	–	–	00~23BCD 码格式数				
0BH	日报警	AE	–	–	01~31BCD 码格式数				
0CH	星期报警	AE	–	–	–	–		0~6	
0DH	CLKOUT 输出寄存器	FE	–	–	–	–	–	FD1	FD0
0EH	定时器控制寄存器	TE	–	–	–	–	–	TD1	TD0
0FH	定时器倒计数数值寄存器			定时器倒计数数值(二进制)					

3. DS1302 日历时钟芯片

DS1302 是 DALLAS 公司推出的涓流充电时钟芯片,内含有一个实时时钟/日历和 31 字节静态 RAM,通过简单的串行接口与单片机进行通信,实时时钟/日历电路提供秒、分、时、日、日期、月、年的信息,每月的天数和闰年的天数可自动调整,时钟操作可通过 AM/PM 指示决定采用 24 或 12 小时格式。DS1302 与单片机之间能简单地采用同步串行的方式进行通信,仅需用到三个口线:RES 复位、I/O 数据线、SCLK 串行时钟/RAM 的读/写数据,以一个字节或多达 31 个字节的字符组方式通信。DS1302 工作时功耗很低,保持数据和时钟信息时功率小于1mW。

（1）DS1302引脚介绍。

DS1302的引脚排列如图5-9所示：

V_{CC1}：后备电源。

V_{CC2}：主电源。在主电源关闭的情况下，也能保持时钟的连续运行。DS1302由V_{CC1}和V_{CC2}两者中的较大者供电。当V_{CC2}大于V_{CC1}+0.2V时，V_{CC2}给DS1302供电。当V_{CC2}小于V_{CC1}时，DS1302由V_{CC1}供电。

图5-9 DS1302引脚排列图

X1、X2：振荡源。外接32.768kHz晶振。

RST：复位/片选线。通过把RST输入驱动置高电平可以启动所有的数据传送。RST输入有两种功能。首先，RST接通控制逻辑，允许地址/命令序列送入移位寄存器；其次，RST提供终止单字节或多字节数据的传送手段。当RST为高电平时，所有的数据传送被初始化，允许对DS1302进行操作；如果在传送过程中RST置为低电平，则会终止此次数据传送，I/O引脚变为高阻态。上电运行时，在$V_{CC}>2.5V$之前，RST必须保持低电平。只有在SCLK为低电平时，才能将RST置为高电平。

I/O：串行数据输入输出端（双向）。

SCLK：串行时钟输入端。

（2）DS1302接口设计。

如图5-10所示，DS1302的串行数据线、串行时钟线和片选线分别与单片机的P1.0、P1.1、P1.2口相连。相应的子程序如下：

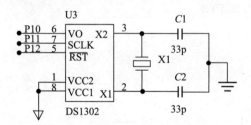

图5-10 数字秒表硬件电路图

```
T_IO      bit P1^0      ;实时时钟数据线引脚
T_CLK     bit P1^0      ;实时时钟数据线引脚
T_RST     bit P1^2      ;实时时钟复位线引脚
;************************************************
;子程序名:SET1302
;功能:设置DS1302初始时间,并启动计时。
```

;调用:RTINPUTBYTE

;入口参数:初始时间在:SECOND,MINUTE,HOUR,DAY,MONTH,WEEK,YEARL(地址连续)

;出口参数:无

;影响资源:AB R0 R1 R4 R7

;***

```
SET1302:CLR      T_RST
        CLR      T_CLK
        SETB     T_RST
        MOV      B,#8EH        ;控制寄存器
        LCALL    RTINPUTBYTE
        MOV      B,#00H        ;写操作前 WP=0
        LCALL    RTINPUTBYTE
        SETB     T_CLK
        CLR      T_RST
        MOV      R0,#SECOND;
        MOV      R7,#7         ;秒分时日月星期年
        MOV      R1,#80H       ;秒写地址
SET1302:CLR      T_RST
        CLR      T_CLK
        SETB     T_RST
        MOV      B,R1          ;写秒分时日月星期年地址
        LCALL    RTINPUTBYTE
        MOV      A,@R0         ;写秒数据
        MOV      B,A
        LCALL    RTINPUTBYTE
        INC      R0
        INC      R1
        INC      R2
        SETB     T_CLK
        CLK      T_RST
        DJNZ     R7,S1.021
        CLR      T_RST
        CLR      T_CLK
        SETB     T_RST
        MOV      B,#80H        ;控制寄存器
        LCALL    RTINPUTBYTE
        MOV      B,#00H        ;控制,WP=1,写保护
        LCALL    RTINPUTBYTE
```

```
            SETB        T_CLK
CLK                     T_RST
                        RET
;************************************************
;子程序名:GET1302
;功能:从DS1302读时间
;调用:RTNINPUTBYTE,RTOUTPUTBYTE
;入口参数:时间保存在:SECOND,MINUTE,HOUR,DAY,MONTH,WEEK,YEARL
;出口参数:无
;影响资源:A B R0 R1 R4 R7
;************************************************
GET1302:    MOV         R0,#SECOND;
            MOV         R7,#7
            MOV         R1,#81H      ;秒地址
G13021:CLR              T_RST
            CLR         T_CLK
            SETB        T_RST
            MOV         B,R1         ;秒分时日月星期年地址
            LCALL       RTINPUTBYTE
            LCALL       RTOUTPUTBYTE
            MOV         @R0,A        ;秒
            INC         R0
            INC         R1
            INC         R1
            SETB        T_CLK
            CLR         T_RST
            DJNZ        R7,G13021
            RET
;************************************************
;功能:写1302一字节(内部子程序)
;************************************************
RTINPUTBYTE:
            MOV         R4,#8
INBIT1      MOV         A,B
            RRC         A
            MOV         B,A
            MOV         T_IO,C
            SETB        T_CLK
            CLR         T_CLK
```

```
                DJNZ    R4,INBIT1
                RET
;**********************************************
;功能:读1302一字节(内部子程序)
;**********************************************
RTOUTPUTBYTE:
                MOV     R4,#8
OUTBIT1:
                MOV     C,T_IO
                RRC     A
                SETB    T_CLK
                CLR     T_CLK
                DJNZ    R4,OUTBIT1
                RET
                END
```

5.5　想一想，做一做

1. 设计智能电子钟时，要考虑哪些功能需求？
2. 设计智能电子钟的原理图和 PCB 时要注意哪些问题？
3. 简述设计智能电子钟的程序流程图。
4. 试述用单片机控制的电子产品有哪些常见故障及怎样检测。

循迹避障智能车的设计与制作

6.1 项目描述

自第一台工业机器人诞生以来,机器人的发展已经遍及机械、电子、冶金、交通、宇航、国防等领域。近年来机器人的智能水平不断提高,并且迅速地改变着人们的生活方式。人们在不断探讨、改造、认识自然的过程中,制造能替代人劳动的机器一直是人类的梦想。

机器人要实现自动导引和避障功能就必须要感知导引线和障碍物,感知导引线相当于给机器人一个视觉功能。避障控制系统基于自动导引小车(Auto-Guide Vehicle,AVG)系统,可实现自动识别路线,判断并自动避开障碍,选择正确的行进路线。

智能小车机器人作为机器人的典型代表,它可以分为三大组成部分:传感器检测部分、执行部分、CPU。就功能任务来说,机器人要能感知导引线和障碍物,从而自动识别路线、自动避障、选择正确的行进路线,还可以扩展循迹等。基于上述要求,考虑到小车一般不需要感知清晰的图像,只要求粗略感知即可,所以对于传感检测部分可以舍弃昂贵的 CCD 传感器而考虑使用价廉物美的红外反射式传感器。智能小车的执行部分,通常使用直流电机,主要控制小车的行进方向和速度。单片机驱动直流电机一般有两种方案:第一,无须占用单片机资源,直接选择有 PWM 功能的单片机,可以实现精确调速;第二,可以由软件模拟 PWM 输出调制,单片机型号的选择余地较大,但是需要占用单片机资源,难以精确调速。考虑到实际情况,本文选择第二种方案。CPU 使用 STC89C52 单片机,配合软件编程实现。

1. 项目的功能和性能

①能通过光电传感器识别黑色轨迹。
②能跟随黑色轨迹线行进。
③能检测前方障碍物并绕过。

2. 主要技术参数

①额定工作电压：+7.2 V±10%。
②最小工作电压：>5 V。
③极限工作电压：≤12 V。

6.2 理论知识

6.2.1 巡线原理介绍

这里的巡线是指小车在白色地板上循黑线行走，由于黑线和白色地板对光线的反射系数不同，可以根据接收到的反射光的强弱来判断"道路"，通常采取的方法是红外探测法。

1. 比赛规则

凡以巡线避障为目的的机器人，大都是以速度快慢为优劣判定的依据，如图6-1所示，机器人小车从起点出发，沿赛道行进，遇到弯道时沿赛道转向行驶，行驶完一圈后，用时最短的机器人小车获得胜利。同时，在赛道上还可以增加障碍物，让机器人绕过障碍物后继续向前，也可以在行驶中增加追光，让机器人根据光源前进、转向。

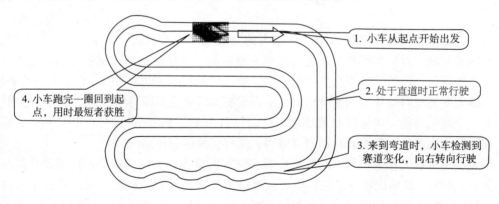

图6-1 比赛规则示意图

2. 小车直行原理

直行示意图如图6-2所示。当小车处于直道时，只有中间的传感器检测到赛道，那么系统判断小车居中，此时控制转向的电机不动作，小车前轮不动，小车继续直行。

3. 小车转向原理

转向示意图如图6-3所示。当小车处于弯道时，靠近弯道的两个传感器检测到了赛道，那么系统判断小车进入了弯道，此时控制转向的电机动作，小车前轮左转，小车由直行变成向左转弯。

项目6 循迹避障智能车的设计与制作

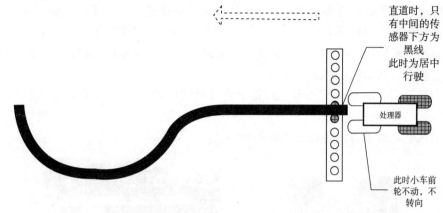

图 6-2 直行示意图

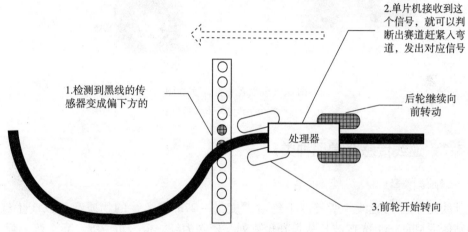

图 6-3 转向示意图

4. 小车拐急弯原理

急转弯示意图如图 6-4 所示。和真实的汽车一样,当处于急转弯道时,为了保证能驶

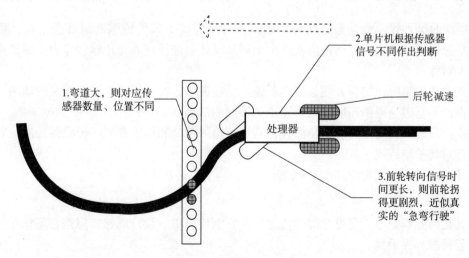

图 6-4 急转弯示意图

69

过较急的弯道,除了转向需要更加剧烈外,还需要将车辆的行驶速度降下来。对于自动循迹车辆,当检测到赛道的传感器变成了更靠下方的两个时,系统判断小车进入了较大弯道,此时控制转向的电机使小车前轮左转角度更大,控制速度的后轮电机则将转速降低,使小车变成减速向左急转,从而驶过弯道。

有的小车采用的不是前轮转向、后轮驱动行驶的四轮结构,而是只有两个万向轮,如图6-5所示,它的前进、后退转向只需控制左轮、右轮的不同速度、方向即可实现,原理相同,只是在舵机转动时程序设计略有不同而已。

(a) (b)

图6-5 常见智能车实物图
(a) 四轮小车;(b) 万向轮小车

6.2.2 巡线传感器常见种类

1. 红外传感器

红外线是不可见光线。所有高于绝对零度(-273.15℃)的物质都可以产生红外线。人的眼睛能看到的可见光按波长从长到短排列,依次为红、橙、黄、绿、青、蓝、紫。其中红光的波长范围为0.62~0.76nm;紫光的波长范围为0.38~0.46nm。比紫光波长还短的光称为紫外线,比红光波长还长的光称为红外线。由于红外线是波长为830~950nm的电磁波,自然物理环境在该波段的辐射量是很微弱的,所以红外反射式传感器受外界干扰较小,可靠性高。设计技术成熟,应用广泛。

发射接收紫外线的就是紫外线传感器。在自然环境下该类传感器很难受干扰,可靠性高,但是它价格昂贵。所以通常实验或小型产品设计会选择红外光传感器作为传感器检测模块的基本器件。

优点:结构简明,实现方便,成本低廉,反应灵敏,便于近距离路面情况的检测,抗干扰能力强,不会因为周围环境的差别而产生不同的结果。

缺点:只能对路面情况做简单的黑白判别,检测距离和精度有限,传感器高度位置的差异可能会对其检测造成干扰。

红外巡线传感器实物图如图6-6所示。

2. 摄像头

可见光传感器是基于可见光源的传感器,它结构简单、设计成熟,但是它工作在可见光波段,容易被外界干扰。

优点:作用距离远,不易出现由于黑线检测不及时而冲出赛道的情况,摄像头对道路的

图6-6 红外巡线传感器实物图

检测精细,视角范围大,不易出现黑线漏检的情况。

缺点:容易被干扰,受周围光线的影响大;数据量大,处理复杂,需要占有 MCU 的大量资源。

目前市场上的摄像头常分为 CCD 摄像头和 CMOS 摄像头。

方案一:采用 CCD 摄像头

优点:成像质量高。

缺点:12V 供电,功耗相对较大,价格较高。

方案二:采用 CMOS 摄像头

优点:9V 供电,功耗较小,价格较低。

缺点:成像质量不及 CCD 摄像头。

3. 激光探头

采用红外线循迹价格便宜、设计简单,但探测距离较近。因此为了提高前瞻性,另一种方案采用的是激光探头构成的循迹传感器。

激光传感器由发射管、接收管、调制管、大透镜等组成。

激光传感器由两部分构成,发射部分和接收部分。在发射部分中,由振荡管发出的 180kHz 频率的振荡波经晶体管放大后,由激光管发光;在接收部分中,一个匹配 180 kHz 的接收管接收返回的光强,经过电容滤波后直接接入单片机的 I/O 口,检测返回电压的高低。由于激光传感器使用了调制处理,接收管只能接收相同频率的反射光,因而可以有效防止可见光对反射激光的影响。另外,配合大透镜使用,可使接收效果和抗干扰能力更强。

激光循迹传感器实物图如图6-7所示。

6.2.3 避障种类

机器人在行进过程中,很可能碰到障碍物,如果不及时检测到并采取对应动作措施,机器人就会撞击上去,因此机器人比赛一般除了将巡线作为比赛项目外,还会在此基础上增加避障项目,有的比赛还将避障作为单独的项目。

图6-7 激光循迹传感器实物图

1. 红外避障

红外传感器的测距基本原理为发光管发出红外光,光敏接收管接收前方物体反射光,据此判断前方是否有障碍物。根据发射光的强弱可以判断物体的距离,它的原理是接收管接收的光强随反射物体距离的变化而变化,距离近则反射光强,距离远则反射光弱。

目前,使用较多的一种红外传感器——红外光电开关的发射频率一般为38 kHz 左右,探测距离比较短,通常被用作近距离障碍目标的识别。本系统便采用此种传感器。红外避障传感器实物图如图6-8所示。

图6-8 红外避障传感器实物图

2. 超声波避障

超声波是指谐振频率高于20kHz 的声波,频率越高,反射能力越强。超声波传感器价格低廉,其性能几乎不受光线、粉尘、烟雾、电磁干扰的影响,并且,金属、木材、混凝土、玻璃、橡胶和纸等可以反射近乎100%的超声波,因而,超声波常用来探测物体。

超声波测距避障的方法为回声探测法，发射换能器不断发射声脉冲，声波遇到障碍物后反射回来被接收换能器接收，根据声速及时间差计算出障碍物的距离。距离与声速、时间的关系表示为

$$s = 0.5vt$$

式中：s 为与障碍物间的距离，单位为 m（米）；v 为声速，单位为 m/s（米/秒）；t 为第一个回波到达的时刻与发射脉冲时刻的时间差，单位为 s（秒）。

v 与温度有关，空气中声速与温度的关系可表示为

$$v = 331.45\sqrt{\frac{\theta + 273.16}{273.16}} \approx 331.4 + 0.6\theta$$

式中：v 为声速，单位为 m/s（米/秒）；θ 为环境温度，单位为℃（摄氏度）。

超声波传感器实物图如图 6-9 所示。

图 6-9　超声波传感器实物图

3. 视觉避障

视觉避障即通过可见光，利用摄像头采集图像信息，然后分析障碍物信息，再做出决策。人类从自然界中得到的信息有 60% 来自于视觉，简单的避障只需要分辨可行区域和障碍物。近年来，视觉传感器在移动机器人导航、障碍物识别中的应用越来越受到人们重视，一方面由于计算机图像处理能力和技术的发展，加之视觉系统具有信号探测范围宽、目标信息完整等优势；另一方面由于激光雷达和超声都是通过主动发射脉冲和接受反射脉冲来测距的，多个机器人一起工作时相互之间可能产生干扰，同时它们对一些吸收性、透明性强的障碍物无法识别。因此，视觉导航技术逐渐成为移动机器人的关键技术之一。它的主要功能包括对各种道路场景进行识别和理解、障碍物的快速识别和检测，确定移动机器人的可行区域。目前视觉避障技术仍存在着一些瓶颈问题有待解决，如数据量大，定位精确度低，实时性差，在雾天、太阳直射以及黑暗的环境下视觉信息获取性差等。

6.2.4　小车的行进

1. 小车的转向

一般的小车都是采用后轮驱动、前轮转向的原理，这和我们日常生活中真实小车的转向前进是一样的，但本项目中采用的是两轮结构的宝贝车机器人，它的前进、后退、转向、直行等都是通过两个万向轮同时完成的。万向轮的控制通过两个伺服电机完成。伺服电机由外部发出的 5 V 的 PWM 信号控制，周期约为 20 ms，高电平时间持续时间决定了电机的旋转方向与速度（如图 6-10 所示）。当需要转向时，如左转向，保持左轮不动，右轮前进，即可实现。

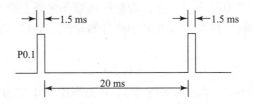

图 6-10 PWM 波形输出

波形与伺服电机转动关系见表 6-1，伺服电机实物图如图 6-11 所示。

表 6-1 波形与伺服电机转动关系

周期/ms	高电平时间/ms	电机旋转方向	速度
20	1.3	逆时针	最快
20	1.4	逆时针	一般
20	1.5	0	0
20	1.6	顺时针	一般
20	1.7	顺时针	最快

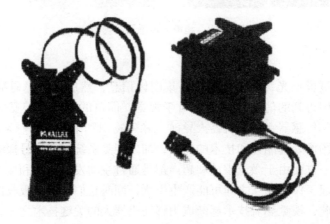

图 6-11 伺服电机实物图

2. 车的前进后退

两轮小车的前进后退通过输出不同的 PWM 波信号即可实现，但需要注意的是：小车前进时，右轮前进为顺时针旋转，而左轮前进是反方向的逆时针旋转；而小车后退时，右轮后退为逆时针旋转，而左轮后退是反方向的顺时针旋转。在程序编写和调试中需要注意。

6.2.5 红外传感器介绍

常见的红外传感器探测距离、发射的波长可能会大不一样，但结构上都大同小异，常用的红外探测元件有红外发光二极管、红外接收管、红外接收头、一体化红外发射接收管。

1. 红外发光二极管

红外发光二极管实物图如图 6-12 所示。外形和普通发光二极管 LED 相似，发出红外光。管压降约 1.4 V，工作电流一般小于 20mA。为了适应不同的工作电压，回路中常常串有限流电阻。红外线发射管有三个常用的波段，850nm、875nm、940nm，根据波长的特性，它们运用到了不同种类的产品中，850nm 波长的主要用于红外线监控设备，875nm 波长的主要用于医疗设备，940nm 波长的主要用于红外线控制设备。

图 6-12　红外发光二极管实物图

2. 红外接收管

红外接收管分为光敏二极管、三极管两类，其实物图与电路符号如图 6-13、图 6-14 所示。无光照时，有很小的饱和反向漏电流（暗电流），此时光敏管不导通。当有光照时，饱和反向漏电流马上增加，形成光电流，在一定的范围内，它随入射光强度的增大而增大。光敏二极管和光敏三极管的区别是光敏三极管具有放大作用。

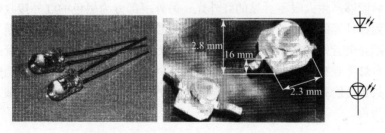

图 6-13　光敏二极管实物图与电路符号

图 6-14　光敏三极管实物图与电路符号

3. 红外接收头

红外线接收头（又称红外线接收模组，IRM）是集成了红外线接收管、放大、滤波和比较器输出等的 IC 模块。红外接收头的种类很多，引脚定义也不相同，一般都有三个引脚，包括供电脚、接地脚和信号输出脚。根据发射端调制载波的不同应选用相应解调频率的接收头。一般用在红外遥控器中。一体化红外接收头如图6-15所示。

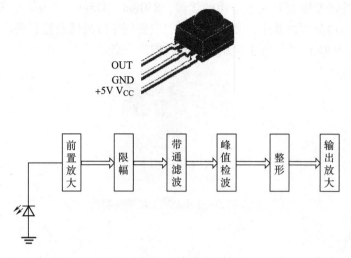

图6-15 一体化红外接收头

4. 一体化光电开关

图6-16所示红外光电管分为两部分，一部分无色透明类似于LED，这是红外的发射部分，给它通电后能够产生人眼不可见的红外光；另外一部分为黑色的红外接收部分，它的电阻会随着接收到红外光的多少而变化。由于它们也是二极管，因此可以用判断二极管的方法辨别极性，判断光电管好坏最简单的测试方法为用万用表的电阻挡连接接收管的两端，然后将接收管放入台灯下观察阻值的变化，如果使用指针式万用表，黑表笔的一端应为正极。一般引脚的正负放置可能有所差异，经过测试，上图的光电管发射管长脚的一端为正，而接收端长脚的一端为负。

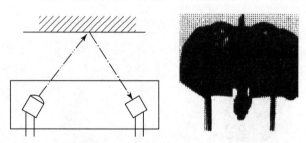

图6-16 红外光电管

红外光电管由于感应的是红外光，常见光对它的干扰较小，在小车、机器人等制作中被广泛采用。红外光电管检测黑线的原理为：由于黑色吸光，当红外发射管发出的光照射在黑线上面后反射的光就较少，接收管接收到的红外线也就较少，表现为电阻比较大，通过外接的电路读出检测的状态，就可以检测黑线。同理，当红外光照射在白色表面时，反射的红外线比较多，表现为接收管的电阻比较小，从而识别白线。

将红外发射管、接收管紧凑地安装在一起，靠反射光来判断前方是否有物体。目前常见的一体式红外管有TCRT5000、RPR220。TCRT5000是一种一体化反射型光电探测器，其发射器是一个砷化镓红外发光二极管，而接收器是一个高灵敏度的硅平面光敏三极管。图6-17

是由 TCRT5000 构成的简单的循迹电路应用，光敏三极管接收到反射光时，输出低电平，经反向器整形后送到单片机进行检测。当比较器的正向输入端电压低于反向输入端的电压时输出低电平，LED 亮，表示接收到反射光。

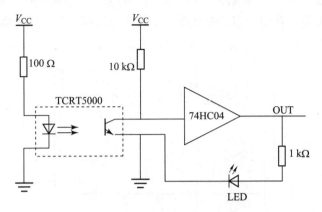

图 6-17 光电开关典型应用

5. 红外调制波

红外线的另一种比较可靠的方法是对红外光进行调制。由振荡电路产生 38kHz 的脉冲信号，驱动红外二极管，向外发射调制的红外脉冲。红外接收电路（或红外接收头）对接收信号进行解调后输出控制脉冲。此方法检测距离远，抗干扰能力强，用在可靠性要求比较高的场合。对于本项目，调制波用在需要检测距离更远的避障检测上。

6.2.6 元件介绍

1. LM339

LM339 是一款典型的电压比较器芯片，内部装有四个独立的电压比较器。利用 LM339 可以方便地组成各种电压比较器电路和振荡器电路。其引脚如图 6-18 所示。

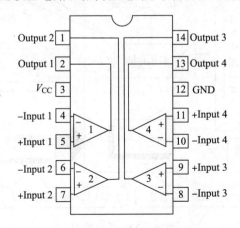

图 6-18 LM339 引脚功能图

2. 74HC14

74HC14 是一款高速 CMOS 器件，其引脚兼容低功耗肖特基 TT1（1STT1）系列，实现了 6 路施密特触发反相器，可将缓慢变化的输入信号转换成清晰、无抖动的输出信号。可应用于波形、脉冲整形器，非稳态多谐振荡器，单稳多谐振荡器等。其引脚如图 6-19 所示。

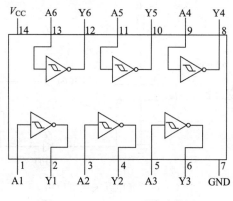

图 6-19 74HC14 引脚功能图

6.3 项目原理

6.3.1 项目框图

项目的系统框图如图 6-20 所示。

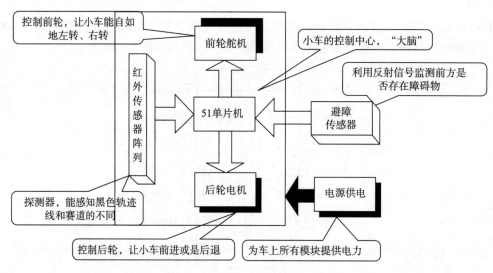

图 6-20 系统框图

各部分的原理及功能如下：

① 红外线传感器阵列。本部分电路将完成赛道黑线与白色背景的检测区分。

②转向舵机驱动电路：由单片机产生 PWM 信号的放大后驱动转向舵机完成不同角度的转向。

③避障传感器：利用反射信号检测前方是否存在障碍物。

④后轮电机驱动电路：由单片机产生 PWM 信号的放大后驱动前轮电机以不同的速度转动。

⑤51 控制电路：系统的"心脏"，根据传感器检测结果驱动行进策略。

⑥电源供电电路：用来为整个系统的传感器、控制电路供电。

6.3.2 功能电路图

1. 巡线传感器电路

巡线放大与整形电路如图 6-21 所示。

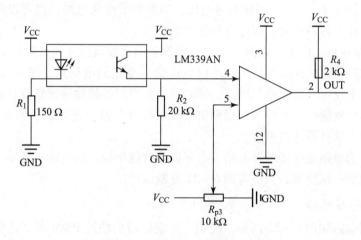

图 6-21 巡线放大与整形电路

当检测到白色背景时，红外线被大部反射至接收管，接收管导通导致 R_2 上端电压升高，比较器 4 脚为高电平，比较器输出端 OUT 为低电平 0；

当检测到黑色赛道时，红外线大部被吸收，接收管关断导致 R_2 上端电压降低，比较器 4 脚为低电平，比较器输出端 OUT 为高电平 1。

说明：

①图 6-21 中的 LM339 为专业的电压比较器，一片 LM339 内部含有四路比较器，因此如果做八路红外光电管的话可以采用两片 LM339。另外，有电路相对简化了的 LM393，不同点在于 LM393 内部有两路比较器。

②如果采用 LM339 或 LM393，在送单片机的输出端需加约 2kΩ 的上拉电阻连至 5V，这样才能保证比较器在输出高电平时有 5 V 左右的高电平输出，这一点很容易被忽略，应当引起注意，详细内容请查找芯片的说明文档。

③图 6-21 中 R_1、R_2 的选择也很重要。R_1 为限流电阻，不同大小的限流电阻决定了红外发射管的发射功率，R_1 越小，红外发射管的功率就越大，多个并联后小车的能耗也就大幅增加，但是好处是同时增加了光电管的探测距离，因此可以根据自己的测试情况选择合适的限流电阻。R_2 为分压电阻，R_2 的选择应当尤为注意，切不可机械地照搬某一个电路图，

直接套用上面的阻值。R_2 的选择和所采用的红外接收管的内阻有关，由于 R_2 和接收管构成分压电路，因此 R_2 的大小和接收管的电压变化有关，具体的选择只需按照分压的原理进行简单的计算就可以，这里不再赘述。若电路工作正常，则当光电管在黑线和白纸上移动时，图中 R_2 的上端也就是 LM339 的 4 脚应该有明显的电压变化，良好的情况下电压变化可以达到 3~4 V，如果电压变化不明显，可以尝试着更换 R_2 的阻值。

④巡线电路常采用专业的电压比较器，但实际上也有很多电路图采用 LM358 或者 LM324 之类的运放，这一点其实无关紧要，LM393 的引脚和 LM358 兼容，而且不需要在输出脚外加上拉电阻，实际运用中各有优劣可以自行选择。

⑤图中的 R_{p3} 为分压电阻，为比较器提供参考电压，具体参考电压的设定应根据 R_2 上端的电压来决定，如③中介绍，假如输入脚的电压变化为 1.7~4.7 V，则参考电压就可以设定在 3 V 左右，在实际应用过程中可以根据当前的环境状况进行调整。对于比较器可以单独用一个电位器（图中 R_{p3}）分压提供参考电压，如果为了简化电路，也可以几路电压比较器共用一路参考电压，各有优劣，可以自行选择。

⑥对于 51 单片机，由于没有内置 A/D，建议采用比较器的方式，当其采用片外 A/D 芯片或对于 AVR 等内置 A/D 的单片机，可以直接输入变化的电压量，通过单片机 A/D 端口直接读取，这样不仅可以简化外部电路，同时还能保留红外接收管连续变化电压信息，再通过软件算法进行位置细化，不仅可以得到更精确的位置信息，还可以消除环境光线的影响，但是同时也加重了软件设计的难度。

⑦图 6-21 为单路巡线传感器电路，为了提高智能车检测的范围、效率，通常会设计多路传感器。每增加一路检测，只需将图 6-21 复制即可。

2. 避障传感器电路

避障传感器电路如图 6-22 所示。使用一个定时器的快速 PWM 模式产生 38kHz 调制信号，通过剩余的 4 个施密特触发器（有 2 个已经用在光电编码部分）缓冲，推动晶体管和

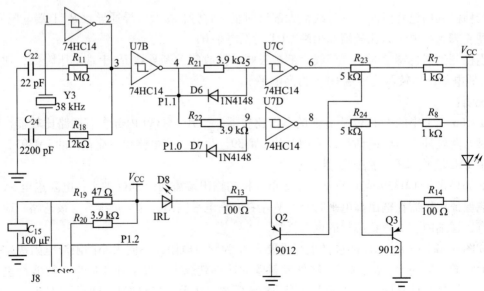

图 6-22 避障传感器电路

红外发光管来发射已经调制的红外线。其中 2 个 1N4148 接单片机 I/O 脚,控制左右红外发光管轮流发射。后面串接的可见光 LED 是为了方便用户调试而设置的,让用户知道当前是否在发射红外线。通过调节 PWM 的占空比,来调节红外发光管的亮度,从而实现感知障碍物距离的功能。

3. 主控电路

如图 6-23 所示,控制电路为单片机最小系统与接口电路,其中 P0 口与巡线传感器阵列连接,接收路面探测信息;P3.0、P3.1 连接伺服电机,控制小车行进;P1.0、P1.1 连接避障传感器。

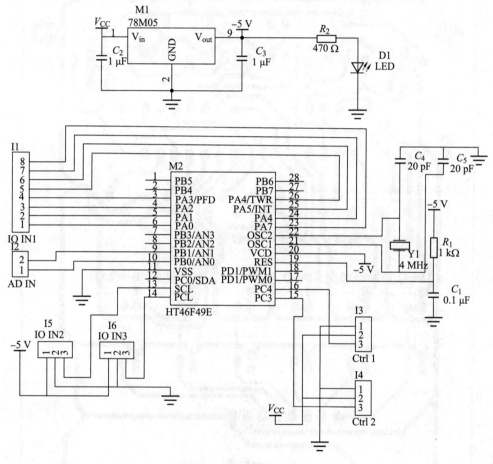

图 6-23 主控电路

4. 电源电路

电源电路如图 6-24 所示,小车整体采用 7.2 V 充电锂电池供电,只需采用简单的降压稳压芯片 78M05 即可将电压降至系统所需的 5V。

6.3.3 项目 PCB 图

项目 PCB 图如图 6-25 所示。

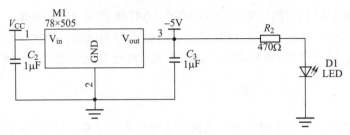

图 6-24 电源电路

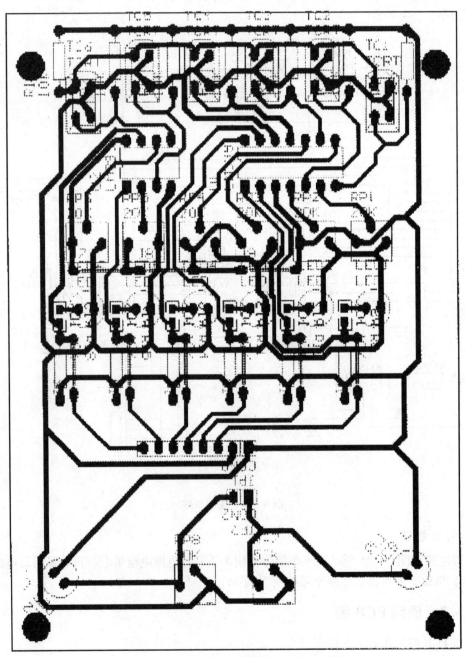

图 6-25 机器人巡线传感器 PCB 图（6 路）

6.3.4 元件清单

元件清单见表6-2。

表6-2 元件清单

序号	名称	封装	数量	编号	描述
1	47Ω	AXIAL0.3	1	R_{19}	电阻
2	100Ω	AXIAL0.3	2	R_{14},R_{13}	
3	150Ω	AXIAL0.3	1	R_1	
4	470Ω	0805	1	R_{32}	
5	1kΩ	AXIAL0.3	3	R_7,R_8,R_{31}	
6	2kΩ	AXIAL0.3	1	R_4	
7	3.9kΩ	AXIAL0.3	3	R_{20},R_{21},R_{22}	
8	5Ω	AXIAL0.3	2	R_{23},R_{24}	
9	12kΩ	AXIAL0.3	1	R_{18}	
10	20kΩ	AXIAL0.3	1	R_2	
11	1MΩ	AXIAL0.3	1	R_{11}	
12	10kΩ	VR	1	VR_3	电位器
13	20pF	SIP2	2	C_4,C_{55}	电容
14	22pF	SIP2	1	C_{22}	
15	2200pF	SIP2	1	C_{24}	
16	0.1μF	SIP2	1	C_1	
17	1μF	SIP2	2	C_2,C_3	
18	100μF	RAD0.2	1	C_{15}	电解电容
19	38kHz	SIP2	1	Y3	晶振
20	4MΩ	SIP2	1	Y1	
21	1N4148	DIODE	2	D6,D7	整流二极管
22	9012	9012	2	Q2,Q3	小功率晶体管
23	LED	SIP2	2	D1,D8	发光二极管
24	CON	SIP	6	$J1_1$,J_2,J_3,J_4,J_5,J_6	单排插座、插针
25	78M05	7805	1	M1	三端稳压
26	74HC4	DIP14	1	U1	集成运放
27	LM339AN	DIP8	1	U2	集成运放
28	TCRT5000	TCRT	1	TC1	红外发射接收管
29	HT46F49E	HT46	1	U3	单片机

6.3.5 软件流程

主程序流程图如图 6-26 所示。

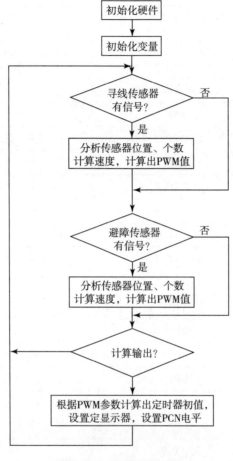

图 6-26 主程序流程图

6.4 项目装配调试

6.4.1 单板调试

1. 板调工艺流程

板调工艺流程图如图 6-27 所示。

图 6-27 板调工艺程图

调试仪器和工具：数字万用表（精度为3位半）、双踪示波器、信号源、调试台、放大镜、螺丝刀、镊子、电烙铁等。

2. 通电前调试

（1）目测。

焊装好的电路板主板应清洁、无锡渣，无明显的错焊、漏焊、虚焊和短路。常常需要检查的内容有：电解电容或二极管是否焊反、参数是否按清单提供的标号位置焊接、芯片方向是否正确以及保险管是否装入等。

（2）电路板电阻测试指标。

电路板电阻测试指标值见表6-3。

表6-3 电路板电阻测试指标值

序号	名称	测试点1	正向电阻指标/kΩ	测试点2	备注
1	V_{CC}	VD1 的 2 脚			
2	+24V	IC1 的 3 脚			
3	电压输出端	J5 的 1 脚			

电阻测试方法：用数字万用表的200kΩ挡测试表6-3中测试点1和测试点2之间的电阻值。

3. 电源调试

电源电路电压指标值见表6-4。

设备：万用表或示波器。

表6-4 电源电路电压指标值

序号	名称	测试点1	正向电阻指标/kΩ	测试点2	纹波	备注
1	V_{CC}	IC2 的 1 脚	12V 交流 ±10%	次级零线		
2	±16V	IC1 的 3 脚	±16V 直流 ±10%	GND：C_{14}负极	≤100mV	
3	±12V	IC1 的 3 脚	±12V 直流 ±10%	GND：C_{15}负极	≤100mV	

测试方法：测试第1项将万用表置于AC20V挡，测试表6-4中的交流电压，测试结果应满足指标要求。测试第2项将万用表置于DC20V挡，测试表6-4中的直流电压，测试结果应满足指标要求。当测试第3项将万用表置于DC20V挡，测试上表中的直流电压，测试结果应满足指标要求。以上测试时，万用表的黑表笔均接表6-4中的"测试点2"、红表笔接表6-4中的"测试点1"。

4. 传感器调试

（1）循迹传感器调试。

光电管安装完成后依次测试每个光电管的电压变化情况，完成后根据测试数据调节电位器选择合适的参考电压，然后依次检测比较器或运放的输出端在检测到黑线的情况下有无相应的电平变化，若没有，则检查相应电路和元件的好坏，测试成功后进行下一步。

（2）避障传感器调试。

将避障传感器对准无障碍物的空间,然后将远端的白色障碍物持续移近,观察输出端电平变化。

5. 舵机调试

(1) 转向调试。

将信号发生器设置为PWM波输出模式,前面已经介绍过舵机转过的角度是由一定占空比的方波来控制的,该控制信号是由一串周期为18～20 ms、高电平时间为1～2 ms的方波信号组成。当高电平时间为1 ms时,舵机左转60°;当高电平时间为2 ms时,舵机右转60°;转过的其他角度与高电平的时间呈线性关系,也就是说每0.1 ms的高电平变化就会影响舵机12°的转角,这也是上一节中提到的要合理设置定时器频率和计数上限的原因。

对于舵机控制的程序设计,有以下几点需要注意:

①在舵机安装完成后无法保证舵机0°转角的情况下车轮刚好指向正前方,因此0°也就没有任何意义,设计者必须根据小车的安装情况设定自己的参考点。

②在实际应用中可能无法做到舵机的连续可调,可以设定固定的几个转角,当然,设定的转角数越多,舵机的转向过渡就会显得越平滑,控制效果就越好。

③实际应用中舵机可能各有不同,方波的周期也不一定是严格的20 ms,因此在控制小车行进之前先要写一段测试程序对舵机进行转角测试,同时也为程序的编写提供数据。

(2) 行进调试。

前面已经讲过,对于只有两个万向轮的小车,它的前进后退、左转右转等都是通过两个舵机完成。要让小车方向不变地前进、后退,只需让两个舵机工作于相同转速、不同方向的情况下即可。

而对于前轮转向、后轮行进的四轮小车,后轮电机由单片机通过驱动芯片进行驱动。常用的后轮驱动电机,如飞思卡尔智能车所用的型号为RS-380SH的电机,它工作在7.2 V电压下,空载电流为0.5 A,转速为16 200 r/min。单片机输出的脉宽无法驱动该直流电机,因此需要通过电机驱动芯片MC33886驱动电机正转、反转。飞思卡尔半导体公司的半桥式驱动器MC33886,其工作电压为5～40 V,导通电阻为120 MΩ,输入信号为TTl/CMOS,PWM频率小于10 kHz。电路如图6-28所示。

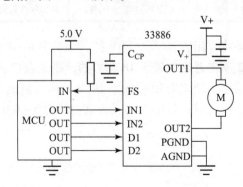

图6-28 MCU-33886连线图

其中D1、D2是MC33886的使能端,IN1、IN2为输入端,OUT1、OUT2为其输出端。单片机通过PWM通道的占空比控制电机速度,IN2和IN1分别接到单片机I/O口上控制电机的正转/反转速度（因为电机工作频率小于 10 kHz，所以一个通道控制电机速度就够了），正转为智能车加速，当转弯时利用了反转 PWM 波来控制电机的减速；D1 和 D2 接到单片机的 I/O 口上控制电机的转动方向（正转或反转）。

6.4.2 整机装配

（1）装配流程图。

整机装配流程图如图 6-29 所示。

图 6-29 整机装配流程图

（2）料装配前准备好下列部件：调试成功的主控电路板、传感器电路板、车体等材料。

（3）车体组装。用螺钉按照车体组装说明书组装车体，并将电池放置在车体底盘上固定好。

（4）主控安装。用螺钉把控制板固定在车体顶部。

（5）传感器安装。用螺钉把避障传感器、循迹传感器固定在车体前部。

（6）接线将各部分电路连线连好。

（7）贴标。在接头处贴上标签，表明接头的名称。

6.4.3 整机调试

整机调试流程图如图 6-30 所示。

图 6-30 整机调试流程图

1. 电源调试

电源供电，此时采用的是电池供电，用万用表逐级检查各点电压，确定是否正常。

2. 小车巡线调试

将装配好的小车放置在赛道上，接通电源，断开后轮马达开关，只让小车的转向前轮工作，将小车前端传感器贴近赛道上的黑线，观察主控板对应指示灯是否亮起，前轮是否对应转动。如小车传感器只有最右端贴近黑线，说明小车偏离赛道向左，此时对应右侧指示灯应亮起，前轮右拐。

反复测试小车上所有传感器，对于出现问题的地方按照故障处理方法解决。

3. 小车避障调试

将小车放置在赛道上，然后在小车的前方放置一个白色圆柱体障碍物，该障碍物同时处于赛道上，然后启动小车。此时小车应沿赛道巡线行驶，当遇到障碍物时，小车停止、左转，然后避开障碍物沿墙行驶。绕过障碍物后，小车回到正常赛道后，又会继续巡线行驶。

4. 小车整机联调

将装配好的小车放置在赛道上，接通电源，接通后轮开关，将小车放置到赛道上，此时小车应在赛道上沿着黑线平滑行驶，在赛道上放置白色障碍物，小车应能沿左侧绕开障碍物，回到黑线上，继续行驶。在赛道末端设置一段较宽的黑色停车区，当小车进入停车区后，小车会停止下来。

6.4.4 常见故障

1. 伺服电机故障排除

（1）伺服电机根本不转。

按下并释放复位按钮，重新运行程序。仔细检查伺服电机接线。检查程序输入是否正确。

（2）只有一边电机转动。

断开电源。拔下伺服电机。把原连接到正常旋转电机的连接线换接到故障电机，打开电源。重新运行程序。如果此时故障电机旋转，证明程序问题，检查程序。如果还是不转，用信号发生器的输出与故障电机连接，设置 PWM 波输出，如果电机不转，判断电机出现故障。

（3）轮子无法在零点完全停下，而是缓慢旋转。

这意味着伺服电机没有正确的调零。用信号发生器的输出与故障电机连接，设置 PWM 波输出，如果电机旋转，微调 PWM 输出的周期与占空比。如果电机在改动时间后静止不动，则调节对应延时程序来让伺服电机停止。如果轮子缓慢地逆时针旋转，则减小高电平时间；如果轮子缓慢地顺时针旋转，则增大高电平时间。

（4）轮子在顺时针和逆时针旋转之间不停止。

车轮可能快速地朝一个方向旋转 3s，另一个方向旋转 4s，可能快速地旋转 3s，然后慢速地旋转 1s，然后又快速地旋转 3s。或者，它可能快速的朝一个方向旋转 7s。不管怎样，都说明电位器失调。去掉轮子，拔下伺服电机，进行伺服电机调零。

2. 无法循线

在确定伺服电机无问题的情况下，检查循线传感器，对准白色背景和黑线，观察电平变化，如果电平无变化，缓慢调整电位器大小，直至有电平变化为止。如果还是无变化，更换红外发射接收管、比较器。

3. 无法避障

检查避障传感器，对准白色障碍物，观察输出电平变化，如果电平无变化，缓慢调整电位器大小，直至有电平变化为止。如果还是无变化，更换红外发射接收管、比较器。

6.5 想一想，做一做

1. CCD 传感器与红外反射式传感器相比较具有哪些优点？

2. 简述智能小车的循迹、转向、避障原理。
3. 怎样用万用表判断集成电路 LM393 的好坏?
4. 智能小车无法巡线，如何处理这种故障?

项目 7

超声波测距仪的设计与制作

7.1 项目描述

近年来，随着电子测量技术的发展，运用超声波作出精确测量已成可能。随着经济发展，电子测量技术应用越来越广泛，而超声波测量由于精确度高、成本低、性能稳定而备受青睐。超声波是指频率在20kHz以上的声波，它属于机械波的范畴。超声波也遵循一般机械波在弹性介质中的传播规律，如在介质的分界面处发生反射和折射现象，在进入介质后被介质吸收而发生衰减等。正是因为具有这些性质，超声波才可以用于距离的测量中。随着科技水平的不断提高，超声波测距技术被广泛应用于人们日常工作和生活之中。一般的超声波测距仪可用于建筑物内部、液位高度的测量等。

由于超声测距是一种非接触检测技术，不受光线、被测对象颜色等影响，较其他仪器更卫生，更耐潮湿、粉尘、高温、腐蚀气体等恶劣环境，具有少维护、不污染、高可靠、长寿命等特点，因此广泛应用于纸业、矿业、电厂、化工业、水处理厂、农业用水、环保检测、食品、水文、空间定位、公路限高等行业中。可在不同环境中进行距离准确度在线标定，可进行差值设定，可直接用于水、酒、糖、饮料等液位或料位高度。

在移动机器人的研究中，为了让机器人躲避障碍物行走、及时获取距障碍物的位置信息（距离和方向），测距系统是十分必要的。而利用超声波检测往往迅速、方便、计算简单、易于实现实时控制，并且测量精度高，因此超声波测距在移动机器人的研究上得到了广泛的应用。

1. 项目的功能和性能

①支持距离探测。

②支持距离实时显示。

2. 主要技术参数

①额定工作电压：+9V±20%。
②最小工作电压：>7V。
③极限工作电压：≤12V。
④探测距离：0.35~5m。
⑤工作频率：40kHz。

7.2 理论知识

7.2.1 实时距离测量的种类

1. 超声波测距

声波是物体机械振动状态（或能量）的传播形式。所谓振动是指物质的质点在其平衡位置附近进行的往返运动形式。譬如，鼓面经敲击后，它就上下振动，这种振动状态通过空气媒质向四面八方传播，这便是声波。

科学家们将每秒钟振动的次数称为声音的频率，它的单位是赫兹（Hz）。我们人类耳朵能听到的声波频率为20Hz~20kHz。当声波的振动频率大于20kHz或小于20Hz时，我们便听不见了。因此，我们把频率高于20kHz的声波称为"超声波"。

自19世纪末到20世纪初，在物理学上发现了压电效应与反压电效应之后，人们解决了利用电子学技术产生超声波的办法，由此揭开了发展与推广超声波技术的历史篇章。

超声波在媒质中的反射、折射、衍射、散射等传播规律，与可听声波的规律没有本质上的区别。但是超声波的波长很短，只有几厘米，甚至千分之几毫米。与可听声波比较，超声波具有许多奇异特性。

超声波的波长比一般声波要短，具有较好的方向性，在介质中传播的距离较远，而且能透过不透明物质，这一特性已被广泛用于超声波探伤、测厚、测距、遥控和超声成像技术。距离的测量，如测距仪和物位测量仪等都可以通过超声波来实现。

优点：
①对雨、雪、雾穿透能力强，衰减小。
②测距原理简单，制作方便，成本低。

缺点：
①超声波的传播速度相对电磁波来说慢得多，当汽车在高速公路上以每小时上百千米速度行驶时，超声波测距无法跟上车距的实时变化，误差大。
②方向性差，发散角大。由于发散使能量大大降低，另一方面使分辨力下降，导致误将邻车道的车辆或路边的物体作为测量目标。

2. 雷达测距

雷达概念形成于20世纪初。雷达是英文radar的音译，Radio Detection And Ranging的缩写，意为无线电检测和测距的电子设备。

雷达所起的作用和眼睛、耳朵相似，它的信息载体与眼睛接收的可见光不同，而是无线电波。事实上，不论是可见光还是无线电波，在本质上是同一种东西，都是电磁波，传播的速度都是光速 c，雷达与可见光的差别在于它们各自占据的频率和波长不同。其原理是雷达设备的发射机通过天线把电磁波能量射向空间某一方向，处在此方向上的物体碰到电磁波并将其反射回来；雷达天线接收此反射波，送至接收设备进行处理，提取有关该物体的某些信息（目标物体至雷达的距离，距离变化率或径向速度、方位、高度等）。测量距离实际是测量发射脉冲与回波脉冲之间的时间差，因电磁波以光速传播，据此就能换算成与目标的精确距离。

雷达测距系统框图如图 7-1 所示。

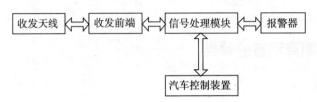

图 7-1 雷达测距系统框图

对于车载雷达，一般选用 60GHz、120GHz、180GHz 波段，对应的波长为毫米级，故称为毫米波雷达。

雷达的优点是在白天、黑夜均能探测远距离的目标，且不受雾、云和雨的阻挡，具有全天候、全天时的特点，并有一定的穿透能力。因此，它不仅成为军事上必不可少的电子装备，还广泛应用于社会公共事业（如气象预报、资源探测、环境监测等）和科学研究（天体研究、大气物理、电离层结构研究等）当中。

优点：

① 毫米波雷达采用的是波长在 1cm 以下、频率在 30GHz 以上的高频电磁波，波长短，沿直线传播且穿透能力强，几乎不受气象条件的影响。

② 不但可以探测目标的距离，还可测出相对速度和方位。

缺点：

① 价格昂贵。

② 需要防止电磁波干扰。由于存在其他通信设施造成的电磁波干扰以及雷达间的相互影响，容易发生误动作。

3. 激光测距

激光是 20 世纪以来，继原子能、计算机、半导体之后，人类的又一重大发明，被称为"最快的刀"、"最准的尺"、"最亮的光"和"奇异的激光"。它的亮度约为太阳光的 100 亿倍。

激光的原理早在 1916 年已被著名的物理学家爱因斯坦发现，但直到 1960 年激光才被首次成功制造。它一问世，就获得了异乎寻常的飞快发展，激光的发展不仅使古老的光学科学和光学技术获得了新生，而且带来了一个新兴产业的出现。

激光测距（Laser Distance Measuring）以激光器作为光源，利用激光对目标的距离进行准确测定。激光测距仪在工作时向目标射出一束很细的激光，光电元件接收目标反射的激光束,计时器测定激光束从发射到接收的时间,从而计算出从观测者到目标的距离。根据激光工作的方式,激光测距仪可分为连续激光器和脉冲激光器。

激光测距一般采用两种方式来测量距离:脉冲法和相位法。脉冲法测距的过程是这样的:测距仪发射出的激光经被测物体反射后又被测距仪接收,测距仪同时记录激光往返的时间。光速和往返时间的乘积的一半,就是测距仪和被测物体之间的距离。1961年,第一台军用激光测距仪通过了美国军方论证试验,此后激光测距仪很快就进入了实用联合体。激光测距仪以其重量轻、体积小、操作简单、速度快而准确等优点被广泛用于地形测量,战场测量,坦克、飞机、舰艇和火炮对目标的测距。

激光脉冲测距仪的光学原理图如图7-2所示。

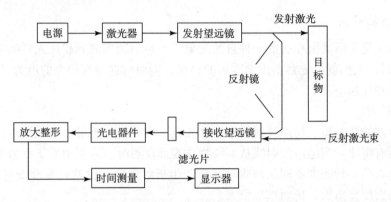

图7-2 激光脉冲测距仪的光学原理图

优点:

快,准,远,抗干扰,无盲区,测距精度可达厘米甚至毫米级,比微波雷达高出近100倍,测角精度理论上比微波雷达高一倍以上。

缺点:

遇到下雨或大雾等恶劣天气,穿透能力差,导致无法使用。

4. 视频图像测距

视频图像的动态测距,与传统的微波雷达测距、激光测距、超声波测距相比,其采集信息的方式是非侵犯性的,不会向外界环境传播信号。

该测距方式采用人们最能感知的视觉方式,便于视觉化、立体化,也更方便快捷,同时该测距方式应用范围广,特别是智能交通系统中。视觉测距必将成为21世纪的测距技术的发展趋势。

测距技术对比见表7-1。

表7-1 测距技术对比

探测方法	超声波	激光雷达	毫米波雷达	视频系统
最大探测距离	10mm	150m	≥150m	≥m
分辨率	30mm	1mm	10mm	差
方向性	90	1.0	2.0	由棱镜决定

续表

探测方法	超声波	激光雷达	毫米波雷达	视频系统
响应时间	较慢	快	快	一般
温度稳定性	一般	好	好	一般
环境适应性	穿透力强	穿透能力强	适应性强，穿透力强	穿透能力差
硬件价格	低	高	高	高

7.2.2 超声波测距原理

1. 超声波的特性

声音是与人类生活紧密相关的一种自然现象。当声的频率高到超过人耳听觉的频率极限（20 000Hz）时，人们就会觉察不出周围声的存在，因而称这种高频率的声为"超"声。超声波的特性如下：

（1）束射特性。

由于超声波的波长短，超声波射线可以和光线一样反射、折射，也能聚焦，而且遵守几何光学上的所有定律。当超声波射线从一种物质表面反射时，入射角等于反射角；当射线透过一种物质进入另一种密度不同的物质时就会产生折射现象，也就是要改变它的传播方向，且两种物质的密度差愈大，折射率也愈大。

（2）吸收特性。

声波在各种介质中传播时，随着传播距离的增加，其强度会逐渐减弱，这是因为介质要吸收掉它的部分能量。对于同一介质，声波的频率越高，介质吸收就越强。频率一定的声波，在气体中传播时吸收尤为厉害，在液体中传播时吸收就比较弱，在固体中传播时吸收是最小的。

（3）超声波的能量传递特性。

超声波之所以能在各个工业部门中得到广泛的应用，主要原因还在于它比声波具有强大得多的功率。当声波进入某一介质中时，由于声波的作用，物质中的分子也随之振动，振动的频率和声波频率一样。分子振动的频率决定了分子振动的速度，频率愈高，速度愈大。物质分子由于振动所获得的能量除了与分子本身的质量有关外，主要是由分子的振动速度的平方决定的，所以如果声波的频率愈高，物质分子就能得到愈高的能量。超声波的频率比普通声波要高出很多，所以它可以使物质分子获得很大的能量，换句话来说，超声波本身就可以供给物质分子足够大的功率。

（4）超声波的声压特性。

当声波进入某物体时，由于声波振动使物质分子相互之间产生压缩和稀疏的作用，将使物质所受的压力产生变化。由于声波振动引起附加压力的现象称为声压作用。

2. 测距原理

最常用的超声测距的方法是回声探测法，超声波发射器向某一方向发射超声波，在发射时刻的同时，计数器开始计时，超声波在空气中传播，途中碰到障碍物面被阻挡后就立即反射回来，超声波接收器收到反射回的超声波就立即停止计时。超声波在空气中的传播速度为

340m/s，根据计时器记录的时间 t，就可计算出发射点距障碍物面的距离 s，即：$s = 340t/2$。

由于超声波也是一种声波，其声速 v 与温度有关。在使用时，如果传播介质温度变化不大，则可近似认为超声波速度在传播的过程中是基本不变的。如果对测距精度要求很高，则应通过温度补偿的方法对测量结果加以数值校正。声速确定后，只要测得超声波往返的时间，即可求得距离。这就是超声波测距仪的基本原理，如图7-3所示。

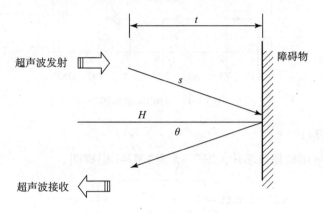

图7-3 超声波测距原理

$$H = s\cos\theta \tag{9-1}$$

$$\theta = \arctan\frac{L}{H} \tag{9-2}$$

式中：L——两探头之间中心距离的一半。

又知道超声波传播的距离为

$$2s = vt \tag{9-3}$$

式中：v——超声波在介质中的传播速度；

t——超声波从发射到接收所需要的时间。

将式（9-2）、式（9-3）代入式（9-1）中，得

$$H = \frac{1}{2}vt\cos\left(\arctan\frac{L}{H}\right) \tag{9-4}$$

其中，超声波的传播速度 v 在一定的温度下是一个常数（例如在温度 T=30℃时，v=340m/s）；当需要测量的距离 H 远远大于 L 时，式（9-4）变为

$$H = \frac{1}{2}vt \tag{9-5}$$

所以，此时只需要测量出超声波传播的时间 t，就可以得出测量的距离 H。

7.2.3 元器件介绍

1. 驱动芯片——反相器74HC04

由集成电路芯片产生的40kHz的方波需要进行放大，才能驱动超声波传感器发射超声波，发射驱动电路其实就是一个信号放大电路，本系统所选用的是74HC04集成芯片。74HC04内部集成了六个反相器，同时具有放大功能。74HC04的引脚如图7-4所示。

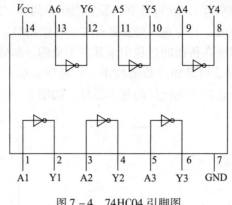

图 7-4　74HC04 引脚图

2. 放大器 LM741

LM741 是一个单运放集成芯片，图 7-5 为 LM741 引脚图。

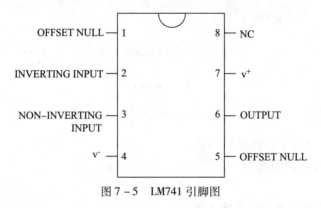

图 7-5　LM741 引脚图

3. 显示器

本系统为简单起见，采用的是最为常用的 LED 数码管显示。LED（Light-Emitting Diode，发光二极管）有七段和八段之分，也有共阴和共阳两种。LED 数码管结构简单，价格便宜。图 7-6 示出了八段 LED 数码显示管的结构和原理图。图 7-6（a）为八段共阴数码显示管结构图，图 7-6（b）是它的原理图，图 7-6（c）为八段共阳 LED 显示管原理

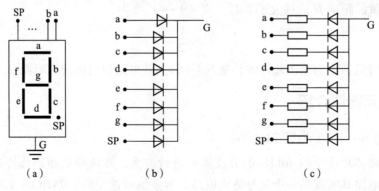

图 7-6　八段 1ED 数码显示管原理和结构
(a) 共阴 LED 结构；(b) 共阴 LED；(c) 共阳 LED

图。八段 LED 显示管由八只发光二极管组成,编号是 a、b、c、d、e、f、g 和 SP,分别与同名引脚相连。七段 LED 显示管比八段 LED 少一只发光二极管 SP,其他与八段相同。

LED 数码管的显示可以分为静态和动态两种。静态显示的特点是各 LED 管能稳定地同时显示各自字形;动态显示是指各 LED 轮流一遍一遍地显示各自字形,由于人眼视觉暂留作用,人们看到的是各 LED 似乎在一直显示各自的字形。为了减少硬件开销,提高系统可靠性并降低成本,很多采用 LED 数码管显示的系统通常采用动态扫描的显示方式。

4. 超声波发射接收头

如图 7-7 所示,超声探头的核心是其塑料或金属外套中的一块压电晶片。构成晶片的材料可以有许多种。晶片的大小,如直径和厚度,也各不相同,因此每个探头的性能是不同的。

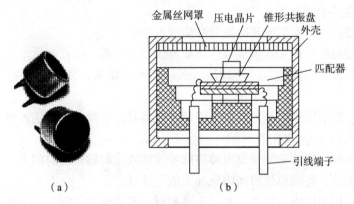

图 7-7　超声波发射、接收头
(a) 实物图;(b) 结构图

超声波传感器的主要性能指标:

(1) 工作频率。

取决于压电晶片的共振频率。当超声波传感器两端的交流电压的频率和晶片的共振频率相等时,输出的能量最大,灵敏度也最高。

(2) 工作温度。

压电材料的居里点一般比较高。诊断用的超声波探头使用功率较小,所以工作温度比较低,因此可以长时间地工作而不失效。但是医疗用的超声探头的温度比较高,所以需要单独的制冷设备。

(3) 灵敏度。

主要取决于压电晶片本身。机电耦合系数大,灵敏度高;反之,灵敏度低。

7.3　项目原理

7.3.1　项目框图

项目的系统框图如图 7-8 所示。

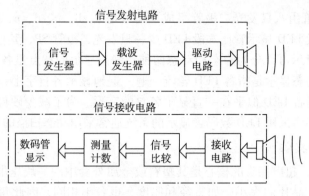

图 7-8 系统框图

各部分的原理及功能如下：

①信号源电路：由 555 组成超声波脉冲信号发生器。

②载波发生器电路：由 555 组成超声波载波信号发生器，以提高抗干扰能力。

③驱动电路：放大载波信号，使其足以驱动超声波探头，使探头发射足够高强度的超声波。

④放大电路：反射回来的超声波信号经超声波接收探头接收后，送入放大电路，完成信号放大，一般放大倍数为 1000 倍。

⑤信号比较电路：比较和测量发出检测脉冲和接收反射脉冲的时间差。

⑥测量计数电路：完成单位时间内脉冲个数的计算。

⑦显示电路：用来读出计数值，并以十进制数的形式由数码管显示出来。

7.3.2 功能电路图

由单片机 AT89C51 编程或是 555 定时芯片产生 40kHz 的方波输出，再经过放大电路，驱动超声波发射探头发射超声波。发射出去的超声波经障碍物反射回来后，由超声波接收头接收信号，通过接收电路的检波放大、积分整形及一系列处理，送至单片机。单片机利用声波的传播速度和发射脉冲到接收反射脉冲的时间间隔计算出到障碍物的距离，并由单片机控制显示出来。如果不采用单片机计算，也可以搭建硬件电路，通过计算脉冲数得到距离值。

该测距装置是由超声波传感器、发射/接收电路和 LED 显示器组成。传感器输入端与发射接收电路相连接，接收电路输出端与单片机相连接，单片机的输出端与显示电路输入端相连接。其时序图如图 7-9 所示。

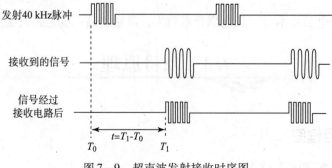

图 7-9 超声波发射接收时序图

系统在 T_0 时刻发射方波，同时启动定时器开始计时。当收到回波后，产生一负跳变到单片机中断口，单片机响应中断程序，定时器停止计数。计算时间差，即超声波在媒介中传播的时间 t，便可计算出距离。

1. 发射电路

信号源由两块 555 集成电路组成，电路如图 7-10 所示。

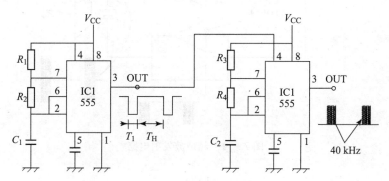

图 7-10　信号源电路

（1）脉冲信号发生器。

IC1（555）组成超声波脉冲信号发生器，工作周期计算公式如下，实际电路中由于元器件等的误差，会有一些差别。

条件：$R_1 = 9.1\text{M}\Omega$、$R_2 = 150\text{k}\Omega$、$C = 0.01\mu\text{F}$

$$T_1 = 0.69 \times R_2 \times C_1 = 0.69 \times 150 \times 10^3 \times 0.01 \times 10^{-6}\text{s} = 1 \text{ ms} \qquad (9-6)$$

$$T_H = 0.69 \times (R_1 + R_2) \times C_1 = 0.69 \times 9\,250 \times 10^3 \times 0.01 \times 10^{-6}\text{s} = 64 \text{ ms} \qquad (9-7)$$

（2）载波信号发生器。

IC2 组成超声波载波信号发生器。由 IC1 输出的脉冲信号控制，输出 1ms、频率 40kHz、占空比为 50% 的脉冲，停止 64ms。计算公式如下：

条件：$R_3 = 1.5\text{k}\Omega$、$R_4 = 15\text{k}\Omega$、$C_2 = 1\,000 \text{ pF}$

$$T_1 = 0.69 \times R_4 \times C_2 = 0.69 \times 15 \times 10^3 \times 1000 \times 10^{-12}\text{s} = 10\mu\text{s} \qquad (9-8)$$

$$T_H = 0.69 \times (R_3 + R_4) \times C_2 = 0.69 \times 16.5 \times 10^3 \times 1000 \times 10^{-12}\text{s} = 11\mu\text{s} \qquad (9-9)$$

$$f = 1/(T_L + T_H) = 1/[(10+11) \times 10^{-6}] = 47.6 \text{ (kHz)} \qquad (9-10)$$

由于信号源输出的信号较小，难以驱动超声波传感器工作使其达到较远的探测距离，因此需要对其进行放大，本项目采用 CD4069 反相器进行放大（采用 74HC04 亦可），组成了超声波发射头驱动电路，如图 7-11 所示。

2. 接收电路的设计

超声波接收头接收到超声波后，转换为电信号，此时的信号比较弱，需经过放大。本系统采用了 LM741（IC4）对接收到的信号进行放大，接收电路如图 7-12 所示。

超声波接收头和 IC4 组成超声波信号的检测和放大。反射回来的超声波信号经 IC4 的两级放大 1000 倍（60dB），第 1 级放大 100 倍（40 dB），第 2 级放大 10 倍（20 dB）。由于一般的运算放大器需要正、负对称电源，而该装置电源用的是单电源（9 V），为保证其工作可靠，这里用 R_{10} 和 R_{11} 进行分压，这时在 IC4 的同相端有 4.5 V 的中点电压，这样可以保证

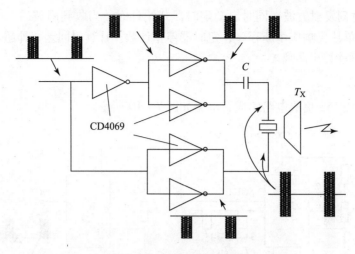

图 7-11 超声波发射电路

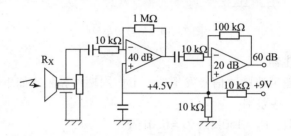

图 7-12 接收信号放大电路

放大的交流信号的质量,不至于产生信号失真。

3. 信号处理电路设计

(1) 倍压检波。

如图 7-13 所示,从 C9、D1、D2、C10 组成的倍压检波电路取出反射回来的检测脉冲信号送至 IC5 进行处理。

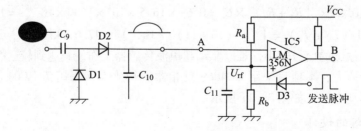

图 7-13 信号处理电路

IC5、IC6、IC7、IC8、IC9 组成信号比较、测量、计数和显示电路,比较和测量发出检测脉冲和该脉冲被反射回来的时间差。它是超声波测距电路的核心,下面分析其工作原理。

(2) 信号比较。

由 R_a、R_b、IC5 组成信号比较器。其中

$$U_{rf} = (R_b \times V_{CC}) / (R_a + R_b) = (47\text{k}\Omega \times 9\text{ V}) / (1\text{M}\Omega + 47\text{k}\Omega) = 0.4\text{ V}$$

所以当 A 点（IC5 的反相端）的脉冲信号电压高于 0.4 V 时，B 点电压将由高电平"1"变到低电平"0"，如图 7-14 所示。同时注意到在 IC5 的同相端接有电容 C_{11} 和二极管 D3，这是用来防止误检测而设置的。在实际测量时，在测距仪的周围会有部分发出的超声波直接进入接收头而形成误检测。为避免这种情况发生，这里用 D3 直接引入检测脉冲来适当提高 IC5 比较器的门限转换电压，并且这个电压由 C_{11} 保持一段时间，这样在超声波发射器发出检测脉冲时，由于 D3 的作用，IC5 的门限转换电压也随之被提高，并且 C_{11} 的放电保持作用，可防止这时由于检测脉冲自身的干扰而形成的误检测。由以上可知，当测量距离小到一定程度时，由于 D3 及 C_{11} 的防误检测作用，近距离测量会受到影响。图示参数的最小测量距离在 40cm 左右。适当减小 C_{11} 的容量，在环境温度为 20℃时，可做到 30cm 的最短测量距离。

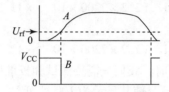

图 7-14 比较器电压波形

如图 7-15 所示，IC6 组成 RS 触发器构成时间测量电路。可以看出，在发出检测脉冲时 A 端为高电平，D 端输出高电平；当收到反射回来的检测脉冲时，C 端由高变低，此时 D 端变为低电平，故输出端 D 的高电平时间即为测试脉冲往返时间。

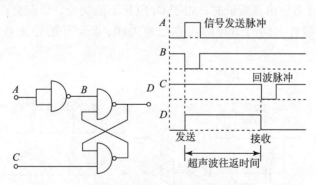

图 7-15 时间测量电路

（3）计数时钟源。

计数和显示电路由 IC6、1C7、IC8、IC9 组成，IC7 组成计数电路脉冲发生器，原理图如图 7-16 所示。

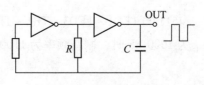

图 7-16 计数时钟源

其工作频率 $f = 1/(2.2 \times C \times R)$。电路频率设计在 17.2 kHz 左右。这个频率是根据声波在环境温度 20℃ 时的传播速度是 343.5 m/s 而确定的。

有关计算如下:

测量距离为 1m 的物体时,声波的往返时间为:2m/343.5 (m/s) = 5.82 ms。这时计数器显示应为 100,即 1 m,此时计数电路脉冲发生器的频率 $f = 100/(5.82 \times 10^{-3})$ Hz = 17.18 kHz。电容 C(即 C_{14})为 2200 pF,此时电阻

$$R = 1/(2.2 \times C \times f) = 1/(2.2 \times 2200 \times 10^{-12} \times 17.18 \times 10^3) \ \Omega = 12 k\Omega$$

由于在不同的环境温度下,声波的传播速度会不同,为适应不同环境温度下测量的需要,我们要求电阻 R 具有一定的调节范围,这里用 VR_2、VR_3 进行调节,其中 VR_2 为粗调电阻,VR_3 为精调电阻。同样我们可以算出在不同温度下的计数脉冲频率值,如,温度为 46.5℃ 时,

$$f = 1/(2.2 \times C \times R) = 1/(2.2 \times 2200 \times 10^{-12} \times 11.5 \times 10^3) \ \text{Hz} = 17.97 \ \text{kHz}$$

环境温度为 1.5 ℃ 时

$$f = 1/(2.2 \times C \times R) = 1/(2.2 \times 2200 \times 10^{-12} \times 12.5 \times 10^3) \ \text{Hz} = 16.53 \ \text{kHz}$$

实际上,在不同环境温度下时,我们只需要测试和校准标准距离 1 m,即调节计数电路脉冲发生器的频率(VR_2 和 VR_3),使其显示为 100 即可。

(4) 计数控制。

计数控制电路如图 7-17 所示。这里简单介绍一下计数器的清零及数据锁存过程。A 点波形表示测试脉冲往返的时间,当 A 点电位由低变高时,由于 C_1 电压不能突变,B 点会产生一个复位脉冲信号使计数器清零,同时 IC6 内与非门被打开,IC8 开始通过 C1OCK 脚进行计数;同样当 A 点电位由高变低时,由于 C_2 电压不能突变,C 点会产生一个锁存脉冲信号使计数器数据被锁存,同时 IC6 的与非门被关闭,IC8 开始停止计数,整个计数过程完成。

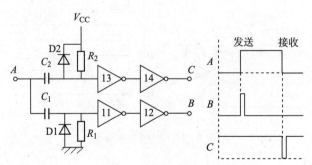

图 7-17 计数控制电路

4. 显示电路

显示电路如图 7-18 所示。4511 与 1ED1~1ED3、TR1~TR3 组成显示电路,C_{15} 用于控制显示部分的刷新频率,当 C_{15} 为 1000 pF 时,刷新频率为 1100 Hz。

7.3.3 项目 PCB 图

PCB 图如图 7-19 所示。

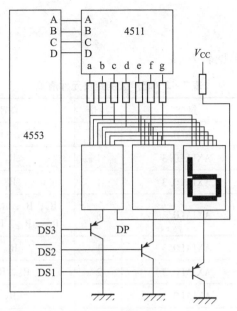

图 7-18 显示电路

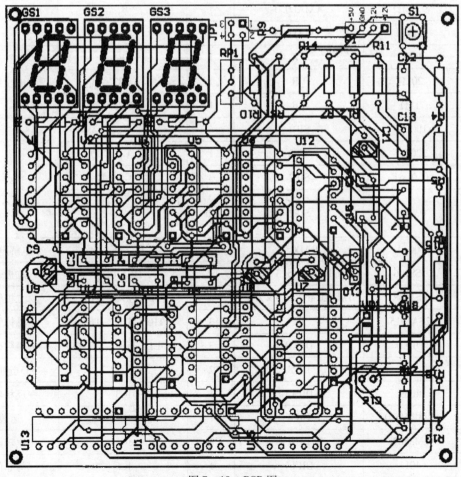

图 7-19 PCB 图

7.3.4 元件清单

超声波测距仪元件清单见表 7-2。

表 7-2 超声波测距仪元件清单

序号	名称	封装	数量	编号	描述
1	1kΩ	AXIAL0.3	8	$R_{18} \sim R_{25}$	电阻
2	1.5kΩ	AXIAL0.3	1	R_3	
3	8.2kΩ	AXIAL0.3	1	R_4	
4	10kΩ	AXIAL0.3	8	R_5, R_6, R_8, R_{10}, R_{11}, R_{14}, R_{15}, R_{16}	
5	47kΩ	AXIAL0.3	1	R_{13}	
6	100kΩ	AXIAL0.3	2	R_9, R_{17}	
7	150kΩ	AXIAL0.3	1	R_2	
8	1MΩ	AXIAL0.3	2	R_7, R_{12}	
9	9.1MΩ	AXIAL0.3	1	R_1	
10	51kΩ	AXIAL0.3	1	R_{26}	
11	10kΩ	VR	1	VR1	电位器
12	20kΩ	VR	1	VR2	
13	1kΩ	VR	1	VR3	
14	1000pF	SIP2	6	C_9, C_{10}, C_{15}	电容
15	2200pF	SIP2	1	C_{14}	
16	0.01μF	SIP2	3	C_1, C_{12}, C_{13}	
17	0.1μF	SIP2	10	C_2, C_4, C_5, C_8, C_{11}, C_{16}, C_{19}, C_{20}, C_{20}, C_{22}	
18	100μF	RAD0.2	2	C_{18}, C_{17}	电解电容
19	1SS106	DIO10.46-5.3×2.8	2	D1, D2	二极管
20	1S1588	DIO10.46-5.3×2.8	3	D3, D4, D5	二极管
21	2SA1015	TR	3	TR1, TR2, TR3	晶体管
22	DLED	DLED	3	LDE1, LDE2, LDE3	七段数码管
23	555	DIP8	2	IC1, IC2	555 定时器
24	4069	DIP14	1	IC3	反相器
25	NJM4580D	DIP8	1	IC4	运放
26	LM358N	DIP8	1	IC5	比较器
27	4011	DIP14	1	IC6	与非门

续表

序号	名称	封装	数量	编号	描述
28	4553	DIP16	1	IC7	十进制计数器
29	4511	DIP16	1	IC8	译码显示器
30	78L09	7809	1	IC9	三端稳压源

7.4 项目调试

7.4.1 单板调试

1. 板调工艺流程

板调流程如图 7-20 所示。

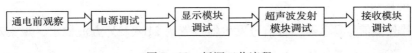

图 7-20 板调工艺流程

2. 通电前检查

（1）目测。

焊装好的电路板主板应清洁、无锡渣，无明显的错焊、漏焊、虚焊和短路。特别应注意检查电解电容、二极管是否焊反，参数是否按清单提供的标号位置焊接，芯片方向是否正确，以及保险管是否装入等。

（2）电路板电阻测试指标。

电路板电阻测试指标值见表 7-3。

表 7-3 电路板电阻测试指标值

序号	名称	测试点 1	正向电阻指标/kΩ	测试点 2	备注
1	V_{CC}	VD1 的 2 脚			
2	V_{DD}	IC1 的 3 脚			
3	电压输出端	J5 的 1 脚			

电阻测试方法：用数字万用表的 200 kΩ 挡测试表 7-3 中测试点 1 与测试点 2 间的电阻值。

3. 电源调试与检测

电源电路电压指标值见表 7-4。

设备：万用表或示波器。

表7-4 电源电路电压指标值

序号	名称	测试点1	正向电阻指标/kΩ	测试点2	纹波	备注
1	V_{CC}	78L09 的 1 脚	+12V±10%	78L09 的 2 脚		
2	V_{DD1}	78L09 的 3 脚	+9V 电源 1 组	78L09 的 2 脚		

测试方法：测试1、2项将万用表置于DC20V挡，测试上表中的直流电压，测试结果应满足指标要求。测试时，万用表的黑表笔接上表中的"测试点2"、红表笔接上表中的"测试点1"。

4. 显示模块调试

（1）显示译码检测。

共阴数码管可采用万用表单独检测好坏：将万用表黑表笔接数码管接地脚，红表笔接七段数码对应数据脚，检测是否点亮。

数码管检测完毕后，将数码管和4511安装好，然后将4511数据端分别接高低电平，观察数码管显示变化。

（2）计数检测。

计数芯片外接信号发生器，将信号发生器设置为2Hz、5V方波输出，观察对应数据输出端变化。

5. 超声波发射电路调试

把IC1从插座上拔下，并短接IC1插座的1和3脚，这时IC2的4脚应为高电平，并会持续发出高频载波信号，频率约为40kHz，用示波器观测超声波发射头，检测输出幅度、频率。

6. 接收模块调试

（1）接收信号调整。

在发射电路调试完成后，此时可用示波器监测IC4的1脚信号。让超声波探头朝向一面墙，使发出的超声波返回而被接收器检测到，同时用示波器检测IC4的1脚信号，慢慢调节VR_1，使IC4的1脚输出信号最大。断开IC1插座的1脚和3脚短接线并插上IC1，此时再用示波器监测IC4的1脚信号，应能看到超声波脉冲串。

（2）误检测电路调整。

通常该部分电路不需要调整，但如果发现测量几米外的物体，电路始终显示为0.40，这表明该仪器受到自身发出的检测脉冲干扰。这时我们需检查或稍稍增大C_{11}的容量。

（3）计数电路脉冲频率调节。

让电路板垂直于墙面1m处，调节VR_3在中间位置，再调节VR_2使显示为100。但在环境温度改变时，一般需再次调节VR_2，校准测距仪。

7. 超声波模块调试注意事项

根据计时器记录的时间t，就可以计算出超声波发射点距离障碍物的距离s，即为$s = 340t/2$，这就是所谓的时间差测距法。

测距误差主要来源于以下几个方面：

①超声波波束对探测目标的入射角 α 的影响。

②超声波回波声强与待测距离的远近有直接关系,所以实际测量时,不一定是第一个回波的过零点触发。

③超声波传播速度对测距的影响。稳定准确的超声波传播速度是保证测量精度的必要条件,波的传播速度取决于传播媒质的特性。传播媒质的温度、压力、密度对声速都将产生直接的影响,因此需对声速加以修正。

④由于超声波利用接收发射波来进行距离的计算,因而不可避免地存在发射和反射之间的夹角,其大小为 2α,当 α 很小的时候,可直接按式 $s = vt/2$ 进行距离的计算;当夹角很大的时候,必须进行距离的修正,修正的公式为

$$s = \cos\alpha \times \frac{vt}{2} \tag{9-11}$$

实际的调试过程中,要十分注意发射和接收探头在电路板上的安装位置,这是因为每一种超声波发射、接收头都有一个有效测量夹角,这里用到的发射、接收头有效测量夹角为 45^0。

(1) 关于最大检测距离。

存在 4 个因素限制了该系统的最大可测距离:超声波的幅度、反射的质地、反射回波和入射声波之间的夹角以及接收换能器的灵敏度。

长距离测量由于各种因素的影响会困难一些。测量时我们必须注意以下几点:

①被测目标必须垂直于超声波测距仪。

②被测目标表面必须平坦。

③测量时在超声波测距仪周围没有其他可反射超声波的物体。

(2) 关于短距离的测量。

接收换能器对超声波脉冲的直接接收能力将决定该系统最小的可测距离。为了增加所测量的覆盖范围、减小测量误差,可采用多个超声波换能器分别作为多路超声波发射/接收的设计方法。

如果在本项目调试中,当我们将测距仪逐渐靠近被测物体时,最终读数显示应在 34cm 左右。因为这个电路 C_{11} 取值为 $0.1\mu F$,由于防误检测电路的保护作用,最小测试距离限制为 34 cm 左右,如要进一步缩短测试距离,由前面分析可知,我们必须让发出的测试脉冲宽度更窄,同时减小防误检测电路 C_{11} 的容量。但由于超声波发射器的输出功率有限,如果缩短测试脉冲时间,意味着减小了测试脉冲的输出功率,在测试距离增加时,会使反射回来的信号很弱,造成仪器在长距离测量时受到影响。

7.4.2 整机装配

1. 装配流程图

整机装配流程图如图 7-21 所示。

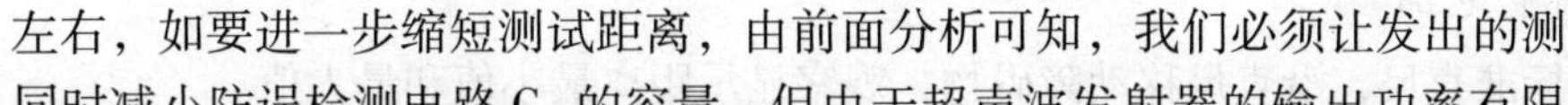

材料准备 → 车体组装 → 主控板安装 → 显示板安装 → 传感器安装 → 接线 → 贴标

图 7-21 整机装配流程图

2. 材料装配前准备好下列部件：调试成功的电路板、安装外壳、接插件等材料。
3. 安装控制板：用螺钉把电路板固定到机箱的底部。
4. 装插头：用导线把控制板上的电源线接到面板上已固定好的插头上，同样接好传感器的引出线。
5. 装表盖：把测距仪的外壳装好。
6. 贴标：在接头处贴上标签，表明接头的名称。

7.4.3 整机调试

整机调试流程图如图 7 – 22 所示。

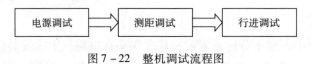

图 7 – 22　整机调试流程图

1. 电源调试

将外壳整机装配好后，打开电池开关，外壳对应电源指示灯应亮起。

2. 测距调试

将超声波探头对准一块平整的障碍物，观察是否出现距离显示。移动测距仪位置，观察显示距离是否发生变化。

3. 行进调试

取一块直尺，将障碍物沿直尺移动，观察测距仪显示距离变化。检测其最小测量距离、最大测量距离、精度等指标。

7.4.4 整机检测

1. 测量精度

采用标准直尺，沿直尺移动障碍物，观察显示距离最小变化值。

2. 测量范围

采用标准直尺，沿直尺移动障碍物，观察显示距离最小值和最大值。

3. 测量准确度

采用标准直尺，沿直尺移动障碍物，观察显示变化，测量实际距离 s 与显示距离 s_D 之差 $\triangle s$，并计算准确度，即 $\triangle s/s$。

4. 响应时间

用秒表记录从移动障碍物后，至显示出正确距离值所需时间。

5. 工作功率

外接 12 V 直流电压，串接电流表，测得工作电流 I，计算得到工作功率 $P = UI$。

7.5 基于超声波测距的自动跟车智能车设计

7.5.1 系统框图

小车框图如图 7-23 所示。
各部分的原理及功能如下：
①测距传感器：由发射头、接收头及其附属电路构成，检测与前方障碍物间的距离。
②单片机处理器 1：由单片机发出脉冲，驱动超声波发射头发出超声波，再由接收头接收，同时单片机定时器检测来回的时间差。

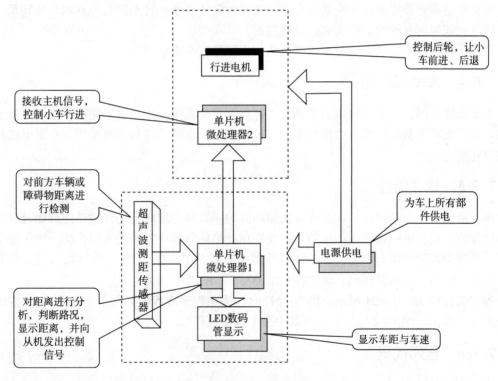

图 7-23 小车框图

③LED 显示：单片机根据超声波往返时间计算距离，并由 LED 数码管显示。
④单片机处理器 2：由单片机发出 PWM 波，驱动电机旋转从而控制小车加速、减速。
⑤行进电机电路：将 PWM 波信号通过驱动模块放大，使其足够驱动电机旋转。
⑥电源电路：供电模块。

7.5.2 距离的检测

由于基于超声波测距自动跟车小车的测距原理与测距仪完全相同，只是将信号发生与处理交由单片机负责，所以此处不再重复。

7.5.3 速度的检测

1. 采用霍尔传感器

使用霍尔传感器进行检测需要在车轮上嵌入若干的永磁铁。其优点是检测速度快且不会受光、温度、湿度等因素的影响,但是在车轮狭窄的空间上嵌入永磁铁是相当困难的,即机械改装难度大。另外,霍尔传感器价格昂贵。

2. 基于光电传感器的编码盘检测

采用这种方法需要在车轮轴上安装黑白相间的编码盘,然后用对应的传感器来记录脉冲的数目,进而通过脉冲数求得小车在一段时间内转的圈数,从而算出速度。

3. 采用编码器

购买光电编码器安装在主驱动齿轮上,通过齿轮传过来的转动信息,获取后轮转角。

优点:获取信息准确,精度高,搭建容易。

缺点:增加后轮负载,光电编码器体积较大,导致车重增加。

7.5.4 车辆的驱动

由于条件所限,无法在真正的车辆上测试运行跟车系统,本项目采用的是参加飞思卡尔全国智能车竞赛的基础车模,由该智能车来模拟真实汽车的行进与距离检测。小车电机控制通过单片机完成。

7.5.5 软件流程

单片机编程产生超声波,在系统发射超声波的同时利用定时器的计数功能开始计时,接收到回波后,接收电路输出端产生的负跳变在单片机的外部中断源输入口产生一个中断请求信号,外部中断请求得到响应,开始执行外部中断服务子程序,并停止计时,读取时间差,计算距离,然后通过软件译码,将数据输出P0、P1和P2口显示。

程序流程图如图7-24所示,图7-24(a)为主程序流程图,图7-24(b)为定时中断子程序流程图,图7-24(c)为外部中断子程序流程图。

7.5.6 程序代码

1. 方波产生

用单片机编程产生40 kHz方波,可用延时程序和循环语句实现。先定义一个延时函数delays(),然后可用for语句循环,并且循环一次的同时改变方波输出口的电平高低,从而产生方波。

部分程序如下:

```
void delays(){}                //延时函数
void main()
{
     for(a=0;a<200;a++)        //产生100个40 kHz的方波
     {
```

```
    P36 = ! P36;                    //每循环一次,输出引脚取反
    delays();
    }
}
```

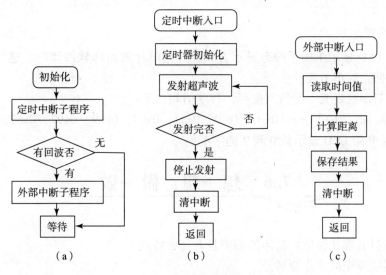

图7-24 程序流程图

2. 回波接收与距离计算

单片机每隔一段时间产生一串40kHz方波,同时定时器开始计时,当收到回波,产生中断信号后,单片机执行中断程序。在中断程序中,先让定时器停止计数,然后读取时间,通过时间计算出所测距离,并输出结果。

中断程序如下:
```
void intersvro(void)   interrupt 0 using 1     //INT0 中断服务程序
{
    uint bwei,shwei,gwei;
    uchar DH,DL;
    ulong COUNT;
    ulong num;
    TR0 = 0;                                    //停止计数
    DH = TH0;
    DL = TL0;
    COUNT = TH0 * 256 + TL0;
    num = (344 * COUNT)/20000;                  //计算距离
    bwei = num/100;                             //取百位
    gwei = (num - bwei * 100)/10;               //取十位
    shwei = num% 10;                            //取个位
    P1 = tab[bwei];                             //输出百位
```

```
    P0 = tab[shwei];                //输出十位
    P2 = tab[gwei];                 //输出个位
    TH0 = 0;
    TL0 = 0;
}
```

3．显示处理

本系统的 LED 显示采用了静态显示方式，并用单片机内部软件译码。这样省去了复杂的外部译码电路，简单方便。

软件译码只需要定义一个数组便可，程序语句如下：

Uchar data tab〔10〕= {0xc0，0xf9，0xa4，0xb0，0x99，0x92，0x82，0xf8，0x80，0x90}；//这是共阳 LED 显示从 0 到 9 的字形码。

7.6　想一想，做一做

1. 超声波具有哪些性质？超声波测距具有什么特点？
2. 试述雷达测距的工作原理。
3. 激光测距的优点与缺点有哪些？
4. 怎样提高超声波测距的精度？

智能交通灯控制器的设计与制作

交通灯是生活中常见的控制系统。本项目以交通灯控制器为载体，采用 Moore 状态机来进行程序设计，并在 PLD 开发板上加以实现。项目首先介绍了 VHDL 语言、程序基本结构，然后介绍了状态机的概念、优点及一般结构和 Moore 状态机 VHDL 设计的一般方法及技巧等内容。完成本项目后，读者将能够：

① 了解 VHDL 语言的基本结构；
② 了解有限状态机的概念及一般结构；
③ 了解有限状态机的作用及优点；
④ 掌握 VHDL 语言编程的格式和规范；
⑤ 熟练使用 VHDL 语言设计 Moore 状态机；
⑥ 能使用 QuartusⅡ软件在设计中对多个设计文件进行单独综合、仿真、调试。

8.1 项目描述

设计一个简单的单方向交通灯控制器。用 3 个发光二极管分别表示红灯、绿灯、黄灯。绿灯时间为 30s，黄灯时间为 3s，红灯时间为 20s，如此循环。能用两个数码管显示灯亮倒计时时间，能通过按键进行复位。

8.2 项目资讯

交通灯看似简单，但其控制方式是顺序的。PLD 不是单片机，直接采用硬件电路描述是有困难的,可以借助易于进行顺序控制的状态机来使设计简单化。

8.2.1 认识 VHDL 语言

VHDL 语言是 HDL 硬件描述语言(Hardware Description Language)的一种,全名 Very-High-Speed Integrated Circuit Hardware Description Language,诞生于 1982 年,最早由美国国防部提出。1987 年底,VHDL 被 IEEE 和美国国防部确认为标准硬件描述语言。自 IEEE-1076(简称 87 版)之后,各大 EDA 公司都先后推出了自己支持 VHDL 的 EDA 工具。VHDL 在电子设计行业得到了广泛的认同。此后 IEEE 对 VHDL 进行了修订,从更高的抽象层次和系统描述能力上扩展 VHDL 的内容,又先后发布了 IEEE 1076-1993 和 IEEE 1076-2002 版本。VHDL 作为 IEEE 的工业标准硬件描述语言,在事实上已成为电子工程领域的通用硬件描述语言。

1995 年,国家技术监督局组织编撰并出版、发布的《CAD 通用技术规范》中,明确推荐采用 VHDL 作为我国电子设计自动化(EDA)硬件描述语言的国家标准。

VHDL 语言是随着集成电路系统化和高集成化的逐步发展而发展起来的,是一种用于数字系统的设计和测试方法的描述语言。对于小规模的数字集成电路,大多数设计人员(特别是硬件工程师们)习惯于采用原理图输入方式来完成,并进行模拟仿真。但对于大型、复杂的系统,由于种种条件和环境的制约,纯图形输入方式无法提高工作效率,且暴露出种种弊端。计算机和高速通信设备的飞速发展,对集成电路提出了高集成度、系统化、微尺寸、微功耗的要求,因此,VHDL 和高密度逻辑器件便应运而生。

VHDL 的主要优点是:

(1)覆盖面广,描述能力强,是一个多层次的硬件描述语言(HDL)。其设计的原始描述可以是非常简练的描述,经过层层细化分解,最终成为可直接付诸生产的电路级或板图参数描述。整个过程都可以在 VHDL 的环境下进行。

(2)VHDL 具有良好的可读性,既可以被计算机接受,也容易被人们所理解。用 VHDL 书写的源文件,既是程序,又是文档;既是技术人员间交换信息的文件,又可作合同签约的文件。

(3)VHDL 的移植性很强。因为它是一种标准语言,故它的设计描述可以被不同的工具所支持。它可从一个模拟工具移植到另一个模拟工具,从一个综合工具移植到另一个综合工具,从一个工作平台移植到另一个工作平台去执行。这意味着同一个 VHDL 设计描述可以在不同的设计中采用。目前,在可编程逻辑器件(PLD)设计输入中已广泛使用 VHDL,并且规定每个 PLD 厂家开发的设计系统,都要支持 VHDL。

(4)VHDL 本身的生命期长。因为 VHDL 的硬件描述与工艺技术无关,不会因工艺变化而使描述过时。而与工艺技术有关的参数可通过 VHDL 提供的属性加以描述,当生产工艺改变时,只需修改相应程序中的属性参数即可。

VHDL 的缺点是:

设计的最终实现取决于针对目标器件的编程器,工具的不同导致综合质量不一样。

8.2.2 VHDL 的程序基本结构

一、VHDL 的程序结构

一个基本的 VHDL 程序一般都采用如图 8-1 所示的程序结构。

项目8 智能交通灯控制器的设计与制作

```
Use定义区
Entity定义区
Architecture定义区
```

图 8-1 VHDL 程序基本结构

下面以图 8-2 非门为例，对 VHDL 基本程序结构加以说明。

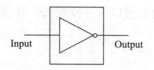

图 8-2 非门输入输出

```
LIBRARY IEEE;        --USE 定义区 & 标准定义库
USE IEEE.Std_Logic_1164.ALL;
ENTITY Not1 is       --Entity 定义区
PORT(Input:in Std_Logic;        --定义输入端口
     Output:out Std_Logic);     --定义输出端口
END Not1;

ARCHITECTURE a OF Not1 IS       --Architecture 定义区
BEGIN
Output <= NOT Input;            --赋值语句(将输入取反后送给输出)
END a;
```

二、库和程序包

数据类型、常量与子程序可以在实体说明部分和结构体部分加以说明；而且实体说明部分所定义的数据类型、常量及子程序在相应的结构体中是可见的（可以被使用），但是在一个实体说明部分与结构体部分中定义的数据类型、常量及子程序对其他实体的说明部分与结构体部分是不可见的。为了使一组数据类型说明、常量说明和子程序说明对多个设计实体都成为可见的，VHDL 提供了程序包（PACKAGE）结构。

程序包通常可分为说明和可选的包体两部分。程序包说明用来声明包中的类型、元件、函数和子程序；而包体用来存放说明中的函数和子程序。

库（Library）是用来专门存放欲编译程序包的地方，这样它们就可以在其他设计中被调用。我们在设计中常用的库有 IEEE 和 WORK，它们都是预定义的库。其中 IEEE 库存放了 IEEE 标准 1076 中的标准设计单元，如程序包 Std_Logic_1164，numeric_std 和 numeric_bit 等。要使用其中的程序包 Std_Logic_1164，应使用下列语句：

```
LIBRARY IEEE;        --使得 IEEE 库对设计可见
USE IEEE.Std_Logic_1164;  --使用 Std_Logic_1164 程序包的所有设计单元
```

USE 语句后跟保留字 all，表示使用库/程序包中的所有定义。

Work 库用于保存当前正在进行的设计，也是在开发过程中，各种 VHDL 工具处理设计文件的地方。当完成对 Work 库中的各单元的检查，并希望在以后的设计中可以引用它们时，需要将其编译到适当的库中。Work 库对所有的设计都是隐含可见的，因此不需要使用 LIBRARY 语句进行说明。

三、实体

实体是一个设计实体的表层设计单元，其功能是对这个设计实体与外部电路进行接口描述。它规定了设计单元的输入/输出接口信号或管脚，是设计实体经封装后对外的一个通信界面。

1. 实体说明格式

实体说明的一般格式为：

ENTITY 实体名 IS
　[GENERIC(类属表);]
　[PORT(端口表);]
END 实体名;

实体说明以关键词"ENTITY"开始至"END"结束，实体名由设计者自由命名，用来表示被设计电路芯片的名称。

2. 端口

（1）端口说明。

端口为设计实体和外边环境的动态通信提供通道，每个端口必须有一个名字、一个端口模式和一个数据类型。名字即端口的标识符，模式说明数据通过该端口的流动方向，类型说明端口的数据类型。端口说明的一般格式为：

PORT(端口名:端口模式:数据类型;
　　　⋮
　　端口名:端口模式:数据类型);

例如全加器的端口如图 8-3 所示，则其端口的 VHDL 描述如下：

ENTITY Full_adder is
　PORT(
　　　a,b,C:IN　BIT;　1
　　　sum,carry:OUT BIT
　　);
END Full_adder;

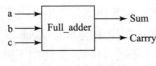

图 8-3　全加器的端口

（2）端口模式（Port Mode）。

端口模式共四种类型，分别为输入、输出、缓冲、双向，如果端口的模式没有指定，则该端口处于缺省模式——输入。各模式说明如下：

输入（IN）：仅允许数据流进入端口，即端口驱动由外部向实体内进行。输入模式主要用于时钟输入、控制输入（如载入、复位和使能）和单向的数据输入。

输出（OUT）：仅允许数据流从实体内部流出端口，即端口驱动是从实体内部向外进行。输出模式不能用于反馈，因为这样的端口在实体内不可读。输出模式通常用于终端计数输出等这一类的输出。

缓冲（BUFFER）：当内部有反馈需求时（即需要一个端口同时作为输出和结构体内部的驱动），这时需要将该端口设置为缓冲模式。缓冲模式的端口与输出模式的端口相类似，只是缓冲模式允许用作内部反馈用。在缓冲模式的应用中值得注意的两点是：①缓冲模式的端口不能被多重驱动；②缓冲模式的端口仅可以连接内部信号或另一个实体的某个缓冲模式端口，而不能与其他实体的输出模式或者双向模式的端口连接，除非通过某个内部信号来进行。缓冲模式可用于要求在实体内部可读的端口，诸如秒表输出等。

双向（INOUT）：允许数据流入或流出实体，即端口信号驱动可以由实体内向外，也可以由实体外向内。双向模式也允许用于内部反馈。双向模式可以替代其他任一端口模式，但较适宜用于纯双向性的信号，如 DMA 控制器的数据总线。

➤ BUFFER 与 INOUT 的区别

INOUT 为输入/输出双向端口，即从端口内部看，可以对端口进行赋值，即输出数据；也可以从此端口读入数据，即输入数据。

BUFFER 为缓冲端口，功能与 INOUT 类似，区别在于当需要读入数据时，只允许内部回读内部产生的输出信号，即反馈。举个例子，设计一个计数器的时候可以将输出的计数信号定义为 BUFFER，这样回读输出信号可以作为下一计数值的初始值。

四、结构体

结构体描述设计实体的结构或行为，即描述一个实体的功能，把设计实体的输入和输出之间的联系建立起来。结构体的一般格式为：

ARCHITECTURE 结构体名 OF 实体名 IS
　　[定义语句]
BEGIN
　　[功能描述语句]
END 结构体名；

结构体名：一般由设计者自由命名，OF 后面的实体名表示结构体属于哪个实体。

定义语句：定义语句用来对结构体内部所用的信号、常量、数据类型、元件、函数和子程序等加以定义说明。

功能描述语句：用来描述电路内部的功能和信号的处理等。VHDL 允许采用 3 种描述格式来描述设计构造，即行为（Behavior Process）描述、数据流（Data Flow）描述和结构（Structure）描述，或者是这 3 种描述格式的任意组合，并允许以不同层次的抽象（从算法运用到基本门级描述）来描述设计。与 C 语言相反，VHDL 主要关心的是描述并行工作的硬件，因此功能描述语句部分中的语句是并行执行的。

下面仍以全加器为例,其结构体为:
ARCHITECTURE a OF   Fulladder IS BEGIN
    Sum < = a XOR b XOR C;
    Carry < = (a AND b)OR(b AND c)OR(a AND c);
END a;

8.2.3　VHDL 语言基本要素

VHDL 语言与其他的高级语言相似,都是由标识符、数据对象、数据类型、运算符等基本要素构成。

一、标识符

标识符用来定义常数、变量、信号、端口、子程序或参数的名字。VHDL 的标识符由英文字母(a~z,A~Z)、数字(0~9)和下划线字符(_)组成。所有这些标识符必须遵从如下规则:

(1)标识符的第一个字符必须是英文字母。
(2)标识符的最后一个字符不能是下划线字符。
(3)标识符不允许连续出现两个下划线字符。
(4)标识符不区分字母大小写。
(5)VHDL 的保留字不能作为标识符使用。

二、数据对象

VHDL 的数据对象包括常量、信号、变量和文件 4 类。在使用之前,必须分别给予详细说明。现描述如下:

1. 常量

常量是指那些设计描述之中不会变化的值,这个值通常根据说明来赋值,而且只能被赋值一次。常量是通常被用来改善代码的可读性,以使修改代码变得容易。例如在设计描述中,当需要在某个位置改变一个数值时,我们只需改变该常量的值,然后重新综合原代码,这样就可达到修改设计描述的目的。常量的说明格式为:

CONSTANT 常量名:数据类型[: =设置值];

常量在程序包、实体、结构体或进程的说明性区域内必须加以说明。定义在程序包内的常量可由所含的任何实体、结构体所引用;定义在实体说明内的常量仅仅在该实体内可见;同样,定义在进程说明性区域中的常量仅仅在该进程内可见。

常量说明的例子如下:
(1) Constant fifo_ width:integer: =8;
(2) Constant ROM_ size:integer: =16#FFFF#;
(3) Constant add:Std_ Logic_ Vector (2 downto 0): =" 000";

2. 信号

信号代表连线,也可内连元件。端口也是信号。事实上,端口能够专门被定义为信号。

作为连线，信号可以是逻辑门的输入或输出，这样的情况随处可见。信号也能表达存储元件的状态。

把实体连接在一起形成模块就是信号对象，信号是实体间动态数据交换的手段，信号说明格式如下：

SIGNAL 信号名称:数据类型[:=设置值];

信号说明的例子如下：

(1) Signal Count：Bit_ vector (3 downto 0);

(2) Signal Enable, CLK：Bit：= '0';

3. 变量

变量在进程语句和子程序（函数和过程）中作局部数据存储。和信号的不同之处是：分配给信号的值必须经过一段时间延迟后才能成为当前值，而分配给变量的值则立即成为当前值；信号与硬件中的"连线"相对应，而变量不能表达连线或存储元件，但变量在硬件的行为级高级模型的计算中可用于高层次的建模。变量的说明格式为：

VARIABLE 变量名:数据类型[:=设置值];

变量的赋值是直接的，非预设的，不像信号的值必须经过一段时间延迟后才能成为当前值的赋值。变量在某一时刻仅包含一个值，变量赋值和初始化的符号"：="表示立即赋值。

变量说明的例子如下：

(1) Variable tmp：bit;

(2) Variable address：Std_ Logic_ Vector (31 downto 0);

➢ 常量、信号与变量之间的比较

(1) 从硬件电路系统来看，常量相当于电路中的恒定电平，如 GND 或 VCC 端，而变量和信号则相当于组合电路系统中的某一节点及节点上的信号值。

(2) 从行为仿真和 VHDL 语句功能上看，变量与信号之间的区别主要表现在接受和保持信号的方式、信息传递的区域大小上。例如信号可以设置延时量，而变量则不能；变量只能作为局部的信息载体（仅限于进程里），而信号则可作为模块之间的信息载体，变量的设置有时只是一种过渡，只是为了程序运算的方便，最后的信息传输和界面之间的通信都靠信号来完成。

(3) 从综合后所对应的硬件电路结构来看，信号一般将对应更多的硬件结构，而变量并不代表电路的某一组件值，而是一条信号线的物理意义，所以在运算处理上，会有立即的结果，而信号对象却是电路的寄存器效果。但在许多情况下，信号和变量并没有什么区别。例如在满足一定条件的进程中，综合后它们都能引入寄存器。这时它们都具有能够接受赋值这一重要的共性，而 VHDL 综合器并不理会它们在接受赋值时存在的延时特性。

(4) 虽然 VHDL 仿真器允许变量和信号设置初始值，但在实际应用中，VHDL 综合器并不会把这次信息综合进去。这是因为实际的 FPGA/CPLD 芯片在上电后，并不能确保其初始状态的取向。因此，对于时序仿真来说，设置的初始值在综合时是没有实际意义的。

三、数据类型

VHDL 有很强的数据类型。正是由于这些数据类型，才使得 VHDL 能够创建高层次的系统和算法模型。数据类型主要分为基本数据类型和其他数据类型两部分。这里只介绍基本数据类型。

在数字电路里的信号大致可分为逻辑信号和数值信号，与之相对应的 VHDL 基本数据类型如图 8-4 所示。

图 8-4　VHDL 基本数据类型

1．逻辑信号

（1）布尔代数。

VHDL 布尔代数信号定义是：

TYPE Boolean is(False,True);

布尔数据类型实际上是一个二值枚举类型，它的取值有 False 和 True 两种，综合器将用一个二进制位表示 Boolean 型变量或信号。

例如，当 A 大于 B 时，在 IF 语句中的关系运算表达式（A＞B）的结果是布尔量 Ture，反之则为 False。

（2）位。

VHDL 位信号形式定义是：

TYPE Bit is('0','1');

它的信号形式包含两种：0，1 类型。这种信号类型里的 0 可视为数字电路里的低电平，而 1 可视为高电平。

（3）标准逻辑。

VHDL"标准逻辑"信号形式定义是：

TYPE Std l_Logie is('X',　　－－浮接不定

　　　　　　　　　　'0',　　－－低电位

　　　　　　　　　　'1',　　－－高电位

　　　　　　　　　　'Z',　　－－高阻抗

　　　　　　　　　　'W',　　－－弱浮接

　　　　　　　　　　'L',　　－－弱低电位

　　　　　　　　　　'H',　　－－弱高电位

　　　　　　　　　　'-',　　－－不必理会）；

这个"标准逻辑"的信号定义，较"Bit"信号对于数字逻辑电路的逻辑特性描述更完整、更真实。所以在 VHDL 的程序里，对于逻辑信号的定义，通常都是采用这种形式。

(4) 逻辑序列信号。

在数字电路中,有许多时候要将几个信号合成一组代表特定功能的序列信号,例如:数据总线(Data Bus)、地址总线(Address Bus)等。此时,可用逻辑序列信号来表示。逻辑序列信号有以下两种:

Bit_Vector　　　　　　位序列
Std_Logic_Vector　　　标准逻辑序列

2. 数值信号

(1) 整数。

整数类型严格地与算术整数相似,通常所有预定的算术函数,像加、减、乘和除都适用于整数类型。整数的取值范围为 $-(2^{31}-1) \sim (2^{31}-1)$,即可用32位有符号的二进制数来表示。使用整数时,VHDL综合器要求用 Range…To 命令来限制其数值范围,从而决定表示此整数的二进制数的位数。例如:

Signal A　:Integer;　　　　　　　　　　--32 位整数定义
Signal B　:Integer Range 15 downto 0;　--4 位整数定义

整数可通过语句内带符号矢量来表达给综合工具,但不是所有综合工具(特别是可编程逻辑)都能处理带符号和无符号运算,例如,Warp4.0版本的工具就不能处理,所以,在此版本工具中,整数由无符号矢量来表达。

(2) 无符号整数。

这种数据类型与"标准逻辑"序列(Std_Logic_Vector)信号相似,定义时必须指明这个无符号整数的位数,例如:

Signal Q　:Unsigned(3 downto 0);　　　--4 位无符号整数定义
Signal C　:Unsigned(15 downto 0);　　 --16 位无符号整数定义

根据上述定义,信号 Q 的数值是 $2^4-1 \sim 0$,即 $15 \sim 0$。这种数值信号类型在秒表、分频器等器件中作加、减等数值运算时,十分方便。此外,它还具有与"标准逻辑"序列信号相似的逻辑运算特性。

(3) 实数。

用于表达大部分实数,和整数一样,实数类型也同样受到范围限制。它是 $-1.0E38 \sim +1.0E38$ 范围内的实数。综合工具常常并不支持浮点类型(特别是用于可编程逻辑的那些综合工具),因为这需要大量的资源来进行算术运算的操作。

➢ 不同数据类型之间的转换

(1) 直接类型转换。

直接类型仅适用于密切相关数据类型,如 Integer 与 Real,Unsigned 与 Bit Vector 或 Std_Logic_Vector 等。如:i 是 Integer 类型数据,j 是 Real 类型数据,则下面的赋值语句正确:

i:=Integer(J);j:=Real(i);

(2) 类型转换函数方式。

函数可以用来实现类型转换。转换函数由 VHDL 语言的程序包提供。Std_Logic_1164,Std_Logic_Arith,Std_Logic_Unsigned 程序包提供的数据类型转换函数。引用时先打开库和相应的程序包。

四、运算符

VHDL 中定义了丰富的运算符，主要有关系运算符、关联运算符、逻辑运算符、赋值运算符和其他运算符，具体运算符符号、功能及适用数据类型如表 8-1 所示。

表 8-1　VHDL 语言的运算符

类别	运算符	功能	整数
关系运算符	+	加	整数
	-	减	整数
	*	乘	整数和实数（包括浮点数）
	/	除	整数和实数（包括浮点数）
	MOD	取模	整数
	REM	取余	整数
	SLL	逻辑左移	Bit 或布尔型一维数组
	SRL	逻辑右移	Bit 或布尔型一维数组
	SLA	算术左移	Bit 或布尔型一维数组
	SRA	算术右移	Bit 或布尔型一维数组
	ROL	逻辑循环左移	Bit 或布尔型一维数组
	ROR	逻辑循环右移	Bit 或布尔型一维数组
	**	乘方	整数
	ABS	取绝对值	整数
关联运算符	=	相等	任何数据类型
	/=	不等	任何数据类型
	<	小于	枚举与整数类型，及对应一维数组
	>	大于	枚举与整数类型，及对应一维数组
	<=	小于等于	枚举与整数类型，及对应一维数组
	>=	大于等于	枚举与整数类型，及对应一维数组
逻辑运算符	AND	与	Bit, Boolean, Std_Logic
	OR	或	Bit, Boolean, Std_Logic
	NAND	与非	Bit, Boolean, Std_Logic
	NOR	或非	Bit, Boolean, Std_Logic
	XNOR	同或	Bit, Boolean, Std_Logic
	NOT	非	Bit, Boolean, Std_Logic
	XOR	异或	Bit, Boolean, Std_Logic

续表

类别	运算符	功能	整数
赋值运算符	< =	信号赋值	
	> =	变量赋值	
	= >	在例化元件时可用于形参到实参的映射	
其他运算符	+	正	整数
	-	负	整数
	&	连接	一维数组

在所有的运算符中,乘方(**)、取绝对值(ABS)和非(NOT)的优先级最高,其次是乘、除、取模、求余,然后依次是正负号、连接符、移位运算符、关系运算符、逻辑运算符。逻辑运算符可以对 Bit、Bit_Vector 或 Boolean 等类型的值进行运算;关系运算符要求两边的操作数必须为相同类型,结果为 Boolean 类型;乘除运算符运用整数、浮点数与物理类型;乘方运算的左边可以是整数或浮点数,但右边必须为整数,只有左边为浮点数时,右边才可以为负数;取模、取余只能用于整数运算。

需要提醒的是,各厂家 EDA 综合软件对运算符支持程度各不相同,使用时应参考综合工具的说明。

下面着重介绍一下赋值运算符的含义。

VHDL 有两个赋值符:"< ="和":=",前者用于信号赋值,后者用于变量赋值,举例如下:

信号定义如下:
Signal a,b:Bit_Vector(0 to7);
Signal c,d:Bit_Vector(7 downto 0);
Signal e: Bit_Vector(0 to 5)};
信号赋值如下:
a < = :"00111010";   --a(7)='1',a(6)='0',a(5)='1',…,a(0)='0'
c < = :"00111010";   --a(7)='0',a(6)='0',a(5)='1',…,a(0)='1'
c < = :x"7a";   --x 表示十六进制,赋值为"01111010"
c < = :x"7a";   --x 表示十六进制,赋值为"01111010"
c < = :o"25";   --o 表示八进制,赋值为"010101"
注意:矢量赋值用双引号("   "),而单比特常量的指定则用单引号(' ')。

8.2.4 并行信号赋值语句

并行信号赋值语句也是最基本的并行语句,共有三种:
简单信号赋值语句:赋值对象 < = 表达式
条件赋值语句:WHEN – ELSE
选择赋值语句:WITH – SELECT

一、简单信号赋值语句

一个并行信号赋值语句等价于一个对应信号赋值的进程语句。并行信号赋值语句是该进程语句的简明形式。它位于进程语句的外部,其语句的一般格式为:

赋值对象 < = 表达式;

例如:

```
LIBRARY IEEE;
USE IEEE.Std_Logic_1164.ALL;
ENTITY subtractor IS
    PORT(IN1,IN2:in Integer;
    Out:out Integer);
END subtractor;
ARCHITECTURE simplest OF subtractor IS
BEGIN
    Out < = IN2 - IN1 after 8ns;
END simplest;
```

当 IN1 或 IN2 端有事件发生时,该赋值操作将自动执行。这里要注意的是:在所有并行语句中,两个并行赋值语句在字面上的顺序并不表示它们的执行顺序。

二、条件信号赋值语句

并行信号赋值语句的一种特殊形式是条件信号赋值语句。在这种语句中,赋给的波形要根据赋值语句所给出的一系列布尔条件来选择。对条件的测试操作不断进行,直到条件为真时为止,然后将与该条件相关联的波形赋予赋值对象。条件信号赋值语句的基本格式为:

赋值对象 < = 表达式 1 WHEN 条件 1 ELSE

表达式 2 WHEN 条件 2 ELSE

$\vdots$

表达式 N-1 WHEN 条件 N-1 ELSE

表达式 N;

其中,赋值对象就是被赋值的信号,表达式可以是一个表达式,也可以是一个信号。"赋值对象"是根据条件的判断来赋值。当第一个条件为 True 时,"赋值对象"被相应赋值"表达式 1 的结果",如果第一个条件为 False,而第二个条件为 True 时,那么"赋值对象"会被赋值为"表达式 2 的结果",以此类推。例如,用一组条件信号赋值语句,描述一个可用于选通 4 位总线的四选一多路选择器:

```
LIBRARY IEEE;
USE IEEE.Std_Logic_1164.ALL;
ENTITY mux IS
PORT(
a,b,c,d:in std_Logic_Vector(3 downto 0);
    s:in Std_LogiC_Vector(1 downto 0)
```

```
        x:out Std_LogiC_Vector(3 downto 0)
        )
END max;
ARCHITECTURE archmux OF max IS
BEGIN
      x < = a WHEN  (s = "00")  ELSE
        b WHEN  (s = "01")  ELSE
        c WHEN  (s = "10")  ELSE
        d;
END archmux;
```

三、选择信号赋值语句

选择信号赋值语句也是并行信号赋值语句中的一种。它的基本格式为：
WITH 选择表达式 SELECT
赋值对象 < = 表达式 1 WHEN 选择值 1,
         表达式 2 WHEN 选择值 2,
            ⋮
         表达式 N WHEN 选择值 N;

选择信号赋值语句提供选择信号赋值。赋值对象是根据选择表达式的当前值而赋值，选择表达式的所有值必须被列在 WHEN 从句中，并且互相独立。下面举例进行说明。

（1）使用选择信号赋值语句来描述多路选择器

```
LIGRARY IEEE;
USE IEEE.Std_Logic_1164.ALL;
ENTITY mux IS
PORT(
    a,b,c,d:in std_Logic_Vector(3 downto 0);
    s:in Std_LogiC_Vector(1 downto 0)
    x:out Std_LogiC_Vector(3 downto 0)
    )
END max;
ARCHITECTURE archmux OF max IS BEGIN
    WITH s SELECT
       x < = a WHEN   "00"
          b WHEN   "01"
          c WHEN   "10"
          d WHEN others
END archmux;
```

根据信号 s 的值，信号 x 被赋予 a、b、c 或 d 4 个值中的一个。这个语句使四选一多路选择器的描述更简短。s 的 3 个值是明确地被规定为"00"、"01"、"10"。保留字 others 用于表示 s 的所有其他可能值。指定用 others 代替"11"的原因是：s 的类型是 Std_ Logic_ Vector，而 Std Logic 类型的数据对象有 9 个可能值（即：'U'、'X'、'O'、'1'、'Z'、'W'、'L'、'H'、'-'），如果用"11"代替 others，则其 81 个值中只有 4 个被包含于 WITH_ SELECT_ WHEN 语句中。对于具有多逻辑值的 s 来说，"1X"、"ZO"、"U_"、"UU"和"LX"也是其中的一些可能值。对于硬件和综合工具，"11"只是其中一个有用的值，而其设计代码却必须符合 VHDL 规范。在模拟中，的确还有 77 个其他的值能为 s 所具有，可以明确指定"11"为 s 的其中一个值；然而 others 仍会被要求来代表 s 的所有可能值。

（2）使用选择信号赋值语句定义一个 3 线 - 8 线译码器电路

```
LIBRARY IEEE;
USE IEEE.Std_Logic_1164.ALL;
ENTITY Decoder IS
    PORT(
            Enable:in Bit;
            sel:Bit_Vector(2 downto 0);
            Yout:out_Bit_Vector(7 downto 0)
END Decoder;
ARCHITETURE Selected OF Decoder IS
    SIGNAL z:Bit Vector(7 downto 0);
BEGIN
    WITH sel SELECT
      z < = "00000001" WHEN "000",
            "00000010" WHEN "001",
            "00000100" WHEN "010",
            "00001000" WHEN "011",
            "00010000" WHEN "100",
            "00100000" WHEN "101",
            "01000000" WHEN "110",
            "10000000" WHEN "111",
    WITH enable SELSET
            yout < = z WHEN"1",
            "00000000"WHEN "0"
END selected;
```

8.2.5 什么是状态机

状态机是一种具有指定数目的状态的概念机，它在某个指定的时刻仅处于一个状态，状态的改变是对输入事件的响应。状态机的基本要素有三个：状态、输入条件和输出。根据状态机的状态数是否有限，可将状态机分为有限状态机（Finite State Machine，FSM）和无限状态机（Infinite State Machine，ISM）。逻辑设计中一般所涉及的状态都是有限的，所以以后所说的状态机都指有限状态机。

有限状态机也称为有限状态控制器,是表示有限个状态以及这些状态之间的转移和动作等行为的数学模型。由定义可知:有限状态机的输出除与输入有关之外,还与电路原来的状态有关,它其实是时序逻辑电路。其基本结构如图 8 – 5 所示。

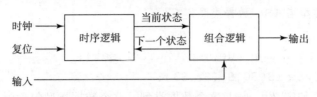

图 8 – 5 有限状态机基本结构

8.2.6 为什么要使用状态机

(1) 状态机克服了纯硬件数字系统顺序方式控制不灵活的缺点。

(2) 由于状态机的结构相对简单、设计方案相对固定,特别是可以定义符号化枚举类型的状态,这一切都为 VHDL 综合器尽可能发挥其强大的优化功能提供了有利条件。

(3) 状态机容易构成性能良好的同步时序逻辑模块,这对于对付大规模逻辑电路设计中令人深感棘手的竞争冒险现象无疑是一个上佳的选择。此外为了消除电路中的毛刺现象,在状态机设计中有更多的设计方案可供选择。

(4) 与 VHDL 的其他描述方式相比,状态机的 VHDL 表述丰富多样、程序层次分明,结构清晰,易读易懂;在排错、修改和模块移植方面也有其独到的好处。

(5) 在高速运算和控制方面,状态机更有其巨大的优势。

(6) 高可靠性。

8.2.7 如何设计状态机

传统的设计方法是首先绘制出控制器的状态图,并由此列出状态表,再合并消除状态表中的等价状态项。在完成状态寄存器的分配之后,根据状态表求出次态及输出方程,最后画出设计原理图。采用这种方法设计复杂状态机将会十分繁杂。

利用 VHDL 设计状态机,不需要进行烦琐的状态分配、绘制状态表和化简次态方程。设计者不必使用卡诺图进行逻辑化简,不必画电路原理图,也不必搭试硬件电路进行逻辑功能的测试,所有这些工作都可以通过 EDA 工具自动完成。使用 VHDL 设计状态机的具体步骤如下:

(1) 根据系统要求确定状态数量、状态转移条件和各状态输出信号的赋值。

(2) 完成状态机建模,画出状态转移图。

(3) 按照状态转移图编写状态机的 VHDL 设计程序。

8.2.8 状态机 VHDL 设计的一般方法

1. 定义状态数据类型

设计者在使用状态机之前,必须定义状态的数据类型,定义可以在状态机描述的源文件中,也可以在专门的程序包中。

此数据类型一般为枚举类型，采用TYPE语句定义，其元素通常都用状态机的状态名来命名。

枚举类型定义的一般格式是：

TYPE 数据类型名 IS　数据类型定义　OF 基本数据类型；

或 TYPE 数据类型名 IS　数据类型定义；

例如：

TYPE week IS(sun,mon,tue,wed,thu,fri,sat);

TYPE state_type IS(S0,S1,S2,S3);

其中，第一条语句定义了 week 这个数据类型，这个数据类型包含周一到周日7个元素。第二条语句就是状态机常用的定义语句，定义了状态机状态 state_ type 这种数据类型，包含 S0~S3 共4个状态。

2．定义状态信号

用户还需要定义两个状态机信号：当前状态和下一状态，简称现态和次态。比如：

signal current_state:state_type;

signal next_state:state_type;

以上状态机状态和状态信号定义一般作为说明部分放在结构体的 ARCHITECTURE 和 BEGIN 之间，如：

ARCHITECTURE...IS

TYPE state_type IS(S0,S1,S2,S3)

signaI current_sate,next_state:state_type;

Begin

……

3．三进程描述

状态机描述方式可分为三进程、两进程、单进程三种描述方式。三进程描述方式，顾名思义是采用三个进程来完成状态机的描述。这三个进程分别是：描述状态转换的主控时序进程、描述次态产生的组合逻辑进程、定义输出的组合逻辑进程。

（1）描述状态转换的主控时序进程。

主控时序进程是指负责状态机运转和在时钟驱动下负责状态转换的进程。状态机是随外部时钟信号以同步时序方式工作的。当时钟的有效跳变到来时，主控时序进程只是机械地将代表次态的信号 next_ state 中的内容送入现态的信号 current_ state 中，而信号 next_ state 中的内容完全由其他的进程根据实际情况来决定，当然此进程中也可以放置一些同步或异步清零或置位方面的控制信号。

这个进程一般描述为：

P1:PROCESS(reset,clk)

BEGIN

　　IF reset = '0' THEN

　　　current_state < = 初始状态；

　　ELSIF clk' event and clk = '1' THEN

```
            current_state < = next_state;
        END IF;
END PROCESS;
```
注意：该进程中一定要有复位信号，否则状态机处在随机状态，无法开始正常工作。

（2）次态产生组合逻辑进程。

次态产生的组合逻辑进程的任务是根据外部输入的控制信号 x（包括来自状态机外部的信号和来自状态机内部其他非主控的组合或时序进程的信号）和当前的状态值，确定下一状态（next_ state）的取向，即 next_ state 的取值内容，一般用 CASE 语句来描述，基本结构如下：

```
P2:PROCESS(current_state,x)
BEGIN
    next_state < = current_state;
    CASE current_state IS
    WHEN S0 = > IF x = '1' THEN  current_state < = S1;
        ELSE  current_state < = S0;
        END IF;
    WHEN S1 = >IF x = '1'  THEN  current_state < = S2;
        ELSE  current_state < = S1;
        END IF;
END CASE;
END PROCESS;
```

在 CASE 语句之前，可给 next_ state 赋一个缺省值：next_ state < = current_ state；

这样当在 CASE 语句中决定下一状态的逻辑比较复杂时，就不用给所有的情况赋值，不关心的情况就保持原状态。

（3）输出逻辑进程。

输出逻辑进程用于确定对外输出或对内部其他组合或时序进程输出控制信号的内容，一般描述如下：

```
P3:PROCESS(current_state)
BEGIN
    CASE current_state IS
        WHEN S0 = >
        output < = xxx;
    ……
    END CASE;
END PROCESS;
```

对于三进程描述方式，每个进程完成的功能单一明确，因此这种描述方式结构清晰，但书写起来较繁复。

4. 两进程描述

状态机的两进程描述有两种：

(1) 保持三进程中的主控时序逻辑进程不变,将输出逻辑进程和状态转移逻辑合并起来,采用一个组合逻辑进程来描述。

通常状况下,综合工具都可较好地识别出这两部分逻辑并进行优化,但如果输出逻辑不是非常简单,还是要采用两个不同的进程来描述,这样综合工具可以明确次态产生组合逻辑,优化效果较好。

(2) 保持三进程中的输出逻辑进程不变,将次态产生组合逻辑进程和主控时序进程结合起来描述,这样可以使中间信号 current_ state 和 next_ state 合并成一个信号,既便于理解,也使程序变得简洁。

例如:
```
PROCESS(clk,reset)
BEGlN
    IF reset = '0'   THEN state < = S0;
    ELSIF(clk' event and clk = '1')THEN
        CASE state IS
        WHEN   S0 = >IF x = '1'   THEN state < = S1;
                    ELSE           state < = S0;
                    END IF
        WHEN S1 = >IF x = '1'   THEN state < = S2;
                    ELSE           state < = S1;
                    END IF;
        ……
        END CASE;
    END IF;
END PROCESS;
```

8.2.9 Moore 状态机

Moore 状态机是有限状态机的一种。从输出时序上看,Moore 型属于同步输出状态机,这类状态机在输入发生变化时必须等待时钟的到来,时钟使状态发生变化才导致输出的变化,其输出仅为当前状态的函数,与输入信号无关。其结构图如图 8-6 所示。

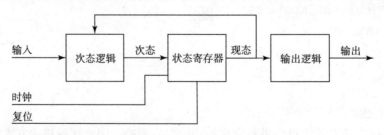

图 8-6 Moore 型有限状态机的结构图

让我们来看一个实际的 Moore 状态机例子。

某状态机的状态数量、输入、状态转换和输出如表 8-2 所示。

表 8-2　状态转换表

当前状态	下一状态		输出（Z）
	X = 0	X = 1	
S0	S0	S2	0
S1	S0	S2	1
S2	S2	S3	1
S3	S3	S1	0

很明显，输出 Z 只与当前状态有关，与输入信号 x 无关，所以是一个典型的 Moore 状态机。其 VHDL 完整参考设计代码如下：

```
--Moore machine
LIBRARY IEEE;
USE IEEE.Std_Logic_1164.ALL;
ENTITY Moore IS
    PORT(rst:in Std_Logic;
         clk:in Std_Logic;
         x:in Std_Logic;
         z:in Std_Logic;
END Moore
ARCHITETURE behav OF Moore IS
    Type state_type IS(S0,S1,S2,S3);
    Signal state:state_type;
BEGIN
P1:PROCESS(rst,clk)
 BEGIN
    IF rst = '0'THEN   state < = S0;
    ELSIF(clk' event and clk = '1')THEN
     CASE state IS
       WHEN S0 = > IF x = '0' THEN    state < = S0;
                   ELSE               state < = S2;
                   END IF;
       WHEN S1 = > IF x = '0' THEN    state < = S0;
                   ELSE               state < = S2;
                   END IF;
       WHEN S2 = > IF x = '0' THEN    state < = S2;
                   ELSE               state < = S3;
                   END IF;
       WHEN S3 = > IF x = '0' THEN    state < = S3;
```

```
            ELSE              state < = S1;
              END IF;
    END CASE;
   END IF;
   END PROCESS;
 P2:PROCESS(state)    --输出进程
   BEGIN
     CASE state IS
       WHEN S0 = > z < = '0';
       WHEN Sl = > z < = '1';
       WHEN S2:> z < = '1';
       WHEN S3 = > z < = '0';
     END CASE;
   END PROCESS;
 END behave;
```

8.3 项目设计

8.3.1 功能分析

单方向交通灯按绿灯→黄灯→红灯→绿灯的顺序变化，属于顺序控制。交通灯控制器除了时钟和复位外，无其他输入信号，可简单看作 Moore 状态机。

由于需要用到两位的数码管显示倒计时时间，所以利用前面项目中的部分模块，可以将系统划分成 Moore 状态机、数码管动态扫描、数码管译码等模块。系统总体结构图如图 8－7 所示。

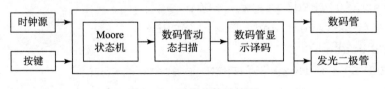

图 8－7 系统总体结构图

8.3.2 硬件设计

交通灯电路完全由 CPLD 内部电路实现，显示电路由外部的 4 位数码管和 6 个发光二极管来完成，秒脉冲和扫描脉冲由外部数字时钟源提供，复位及使能分别由外部的 1 个按键和 1 个拨码开关输入，输出分别连接到数码管的位选、段选和 6 个发光二极管上，硬件连接图如图 8－8 所示。

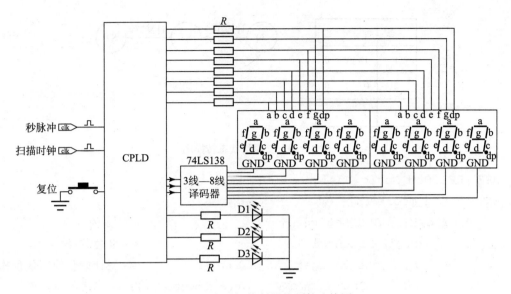

图 8-8 交通灯控制器的硬件连接图

8.3.3 软件设计

根据功能分析,整个系统采用自顶向下的模块化设计方法,将系统划分成 Moore 状态机、数码管动态扫描、数码管译码三个模块,首先用 VHDL 编写各功能模块,然后用顶层原理图将各功能模块连接起来。

一、顶层原理图

交通灯顶层设计原理图如图 8-9 所示。

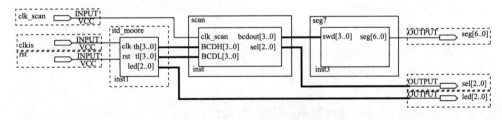

图 8-9 交通灯顶层设计原理图

二、各功能模块设计

Moore 状态机是核心模块,也是设计的主要内容。交通灯按绿灯→黄灯→红灯→绿灯的顺序变化,并通过数码管显示倒计时时间,其状态转换图如图 8-10 所示。

其 VHDL 程序如下:

```
--jtd_moore.vhd
LIBRARY IEEE;
USE IEEE.Std_Logic_1164.ALL;
USE IEEE.Std_Logic_Arith.ALL;
```

状态	绿	黄	红
1	1	0	0
2	0	1	0
3	0	0	1

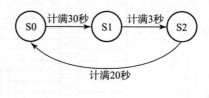

图 8-10 交通灯状态转换图

```
USE IEEE.Std_Logic_Unsigne.ALL;
ENTITY jtd_moore IS
    PORT(clk:in Std_Logic;                        --1Hz 的时钟
         rst:in Std_Logic;                        --复位信号
         th,tl:out integer range 0 to 9;          --倒计时秒的高低位输出
         led:out Std_Logic_Vector(2 downto 0));   --代表绿黄红灯
END ENTITY;
ARCHITETURE behav OF jtd_moore IS
    Type state_type IS(S0,S1,S2);
    Signal state:state_type:=S0;
    Signal flag:Std_Logic:='0';                   --倒计时赋值标志位
    Signal time:integer rang 0 to 29;             --倒计时最大值为30s
BEGIN
P1:PROCESS(rst,clk)
  BEGIN
    IF rst='0'THEN
        state<=S0;                                --初始状态为S0
        flag<='0';                                --倒计时赋值标志位清零
    ELSIF(clk' event and clk='1')THEN
      CASE state IS
         WHEN S0=> IF flag='0' THEN
                      time<=29;                   --倒计时30s赋初值
                      flag<='1';
                   ELSE
                      IF time=1 THEN
                         time<=0;
                         state<=S1;               --倒计时时间到状态转移
                         flag<='0';
                      ELSE
                         time<=time-1;            --减1倒计时
                      END IF;
```

```
                    END IF;
            WHEN S1 = > IF flag = '0' THEN
                            time < =2;              --倒计时 3s 赋初值
                            flag < ='1';
                        ELSE
                          IF time =1 THEN
                             time < =0;
                             state < =S2;           --倒计时时间到状态转移
                             flag < ='0';
                          ELSE
                             time < =time -1;       --减 1 倒计时
                          END IF;
                        END IF;
            WHEN S2 = > IF flag = '0' THEN
                            time < =19;             --倒计时 20s 赋初值
                            flag < ='1';
                        ELSE
                          IF time =1 THEN
                             time < =0;
                             state < =S0;           --倒计时时间到状态转移
                             flag < ='0';
                          ELSE
                             time < =time -1;       --减 1 倒计时
                          END IF;
                        END IF;
                    END CASE;
            END IF;
    END PROCESS;
P2:PROCESS(state)
    BEGIN
        CASE state IS
            WHEN S0 = > led < ='100';       --绿灯亮
            WHEN S1 = > led < ='010';       --黄灯亮
            WHEN S2:> led < ='001';         --红灯亮
            END CASE;
    END PROCESS  P2;
    th < =time /10;      --取倒计时秒的十位
    tl < =time rem 10;   --取倒计时秒的个位
END behave;
```

数码管动态扫描、数码管显示译码模块程序可以参考前面的项目，不作详述。

8.4 项目实施

8.4.1 硬件平台准备

微机一台（Windows XP 系统，安装好 Quartus Ⅱ5.0 等相关软件）、EDA 学习开发板一块、USB 电源线一条、ISP 下载线一条。

8.4.2 Quartus Ⅱ设计过程

一、设计输入

首先在计算机中 D：\ altera \ Quartus50 \ example \ jtd 目录下新建工程项目 jtd，建立并编辑 jtd_moore.vhd、scan.vhd、seg7.vhd 三个文件。

二、子模块单独编译、仿真

首先对 jtd.vhd 模块进行编译仿真，在 Project Navigator 窗口中打开 Files 标签，在 Device Design Files 目录中，右键点击 jtd.vhd，在弹出的菜单中选择 Set as Top – Level Entity，将 jtd.vhd 模块设置成顶层实体，此时将 Project Navigator 窗口的标签切换到 Hierarchy，可发现 Entity 已经变成 jtd，如图 8 – 11 所示。

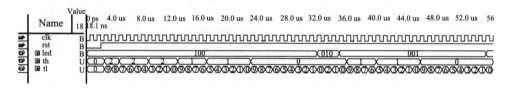

图 8 – 11　jtd_moore 模块的时序仿真结果

三、顶层设计编译、仿真

子模块编译仿真后，依次创建三个图元。在新创建的顶层原理图文件 jtd.bdf 中调用三个图元，并完成图元的电气连接，得到顶层原理图，如图 8 – 12 所示。

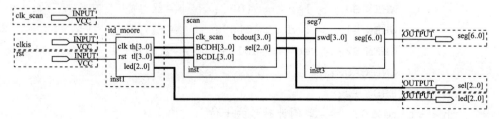

图 8 – 12　完成后的顶层原理图

将 jtd.bdf 文件保存，并设置为顶层实体，启动全编译。

完成全编译后，对顶层文件 jtd.bdf 进行波形仿真，以验证整个设计的正确性。如图 8-13 所示为整个设计的仿真结果。

通过仿真结果可以看出，设计满足功能要求。

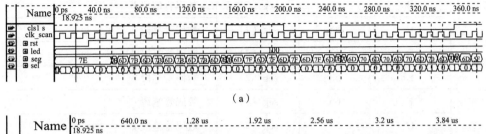

(a)

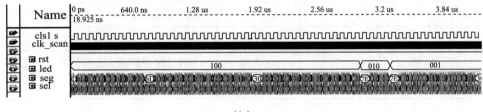

(b)

图 8-13 jtd 整体设计功能仿真

(a) 放大图；(b) 缩小图

四、管脚分配

为了对设计进行进一步的硬件验证和编程下载，需要对设计进行管脚分配，如表 8-3 所示。

表 8-3 交通灯控制器端口管脚映射表

开发板板载资源	开发板原理图标号	芯片管脚（PIN）	端口（Port）	备注
时钟源	CLK1	14	CLK_SCAN	全局时钟，可通过 J12 跳线输入 250～256kHz 较高频率时钟信号
	CLK2	12	CLK_1S	全局时钟，可通过 J13 跳线输入 1～16Hz 较低频率时钟信号
按键	S1	100	rst	复位
发光二极管	D1	75	led (2)	绿灯
	D2	74	led (1)	黄灯
	D3	73	led (0)	红灯

续表

开发板板载资源	开发板原理图标号	芯片管脚（PIN）	端口（Port）	备注
数码管段选	A	67	seg（6）	数码管笔段 a
	B	61	seg（5）	数码管笔段 b
	C	55	seg（4）	数码管笔段 c
	D	57	seg（3）	数码管笔段 d
	E	58	seg（2）	数码管笔段 e
	F	66	seg（1）	数码管笔段 f
	G	54	seg（0）	数码管笔段 g
数码管位选	Sbit3	51	sel（2）	74HC138 译码输入最高位 C
	Sbit2	52	sel（1）	74HC138 译码输入最高位 B
	Sbit1	53	sel（0）	74HC138 译码输入最高位 A

五、器件编程

管脚分配完成后，再次对设计进行全编译。连接好学习开发板（或其他开发装置），将编译得到的 jtd. pof 文件下载到目标芯片中，完成器件编程。

8.4.3 硬件电路调试及排故

一、电路调试

（1）根据项目需要，将跳线 J12、J13 调整到合理的位置，设置 J13 使输出频率为 1 Hz，设置 J12 使输出频率为 250 Hz 以上。

（2）接通电源，观察 LED 显示是否符合交通灯要求，数码管是否能进行倒计时显示，计到 0 时，LED 是否发生变化等。

二、故障分析及排除

（1）显示 00，不进行计数：首先检查 clk 1s 时钟脉冲是否正确连接，跳线是否插好，相应 CPLD 管脚是否分配正确。

（2）倒计时数码显示位置错误，或是高低位错位：首先应检查 CPLD 位选输出端是否接错（管脚是否分配正确），其次检查设计中的扫描电路 WITH – SELECT 语句分支对应的关系是否错位。

8.5 项目总结

1. 使用 VHDL 设计状态机的一般步骤是：

确定状态数量、状态转移条件和各状态输出信号的赋值;画出状态转移图;编写状态机的 VHDL 设计程序。

2. 判断一个状态机是否是 Moore 状态机,只要看多进程描述时输出进程是否只与当前状态有关,而与输入无关。

8.6 想一想,做一做

一、简答题

1. 状态机的种类有哪些?其区别是什么?
2. 有限状态机适用于什么数字系统的设计?有何优点?
3. 状态机的三要素是什么?状态机的基本结构及其功能是什么?

二、设计题

1. 在以上交通灯控制器的基础上,增加紧急情况处理。
2. 设计一个东西和南北双方向的交通灯。
3. 设计一个按键控制彩灯电路,当按下 4 个不同按键 (S1~S4) 时,8 个 LED (D1~D8) 将出现不同的显示。
4. 设计一个 AD0809 取样控制器。

参 考 文 献

[1] 周筱龙．电子技术基础［M］．第 2 版．北京：电子工业出版社，2006.
[2] 刘进峰．电子制作实训［M］．北京：中国劳动社会保障出版社，2006.
[3] 金发庆．传感器技术与应用［M］．北京：机械工业出版社，2012.
[4] 邓皓，肖前军，黄戎．电子产品调试与检测［M］．北京：高等教育出版社，2013.
[5] 杜虎林．用万用表检测电子元器件［M］．沈阳：辽宁科学技术出版社，2002.
[6] 郭志勇，王韦伟．单片机应用技术项目教程（C 语言版）［M］．北京：中国水利水电出版社，2012.
[7] 那文鹏，王昊，郑凤翼．电子产品技术文件编制［M］．北京：人民邮电出版社，2004.
[8] 张晓琴．模拟电子技术应用及项目训练［M］．成都：西南交大出版社，2009.
[9] 周良权，方向乔．数字电子技术基础［M］．北京：高等教育出版社，2013.
[10] 李刚．生物医学电子学［M］．北京：电子工业出版社，2008.
[11] 吕俊芳．传感器接口与检测仪器电路［M］．北京：北京航空航天大学出版社，1994.
[12] 廖先芸．电子技术实践与训练［M］．北京：高等教育出版社，2000.
[13] 龚江涛，唐亚平．EDA 技术应用［M］．北京：高等教育出版社，2012.
[14] 宗光华．机器人的创意设计与实践［M］．北京：北京航空航天大学出版社，2004.
[15] 邵贝贝．单片机嵌入式应用的在线开发方法［M］．北京：清华大学出版社，2004.